KB067019

엄마는
누가
돌봐주죠?

임신·출산·육아의
전지적 엄마 시점

엄마는 누가 돌봐주죠?

글 · 홍현진 최인성 이주영 그림 · 봉주영

육아책의 주어는 늘 아이입니다.

아이를 위해 엄마가 해야 할 것을 끝없이 나열합니다.

그럼 엄마는 누가 돌봐주죠?

처음부터 엄마인 사람은 없습니다.

육아는 아이도 엄마도 함께 자라게 합니다.

『엄마는 누가 돌봐주죠?』는 임신·출산·육아를

전지적 엄마 시점으로 다시 씁니다.

임신만 하면 될 줄 알았는데

임신만 하면 될 줄 알았습니다. 아이는 어떻게든 크고 나도 어떻게든 엄마가 될 거라고요.

아이를 갖는 순간부터, 제가 그동안 학교와 회사에서 배운 지식과 업무 능력은 아무짝에도 쓸모가 없었어요.

내 몸에서 무슨 변화가 일어나고 있는지, 왜 이렇게 수시로 우울해지는지, 아이는 어떻게 낳는지, 아이를 낳으면 내 삶에 어떤 변화가 생기는지…. 그 누구도 구체적으로 알려주지 않았어요. '힘들어도 애가 예쁘잖아.' '네가 선택해서 낳은 거잖아.' '엄마는 다 할 수 있어.' 그 말에 얼마나 숨 막혔는지 몰라요.

육아 책에는 온통 아이 이야기밖에 없었어요. 엄마가 아이를 위해 해야 할 것을 끝도 없이 나열했어요. 엄마는 아이의 모든 것을 다 알아야 하고, 아이를 위해 희생하고 헌신해야 하며 아이에게 무슨 일이 생기면 그건 모두 엄마 책임이었어요. 나도 엄마는 처음인데…. 답답하고 막막했어요.

하루하루 허덕이며 아이를 키우는 것보다 더 힘든 건 제가 힘들다는 사실을 이야기할 수 없는 현실이었어요. 육아 관련 콘텐츠는 늘 '기승전-그래도 아가야 사랑해.'로 끝이 났어요. SNS에는 육아 책대로 아이를 키우는 (것처럼 보이는) 엄마들이 넘쳤어요. 나만 나쁜 엄마, 자격 없는 엄마가 된 것 같았죠.

임신과 출산, 육아 초기를 돌이켜 보면 '나'라는 사람은 그대로인데 엄마가 됐다는 이유로 갑자기 다른 사람이 되려고 애쓰던 시절이었어요.

사회가 규정하는 '좋은 엄마' 틀에 스스로를 맞추려 하고 그렇지 못하면 죄책감을 느꼈어요. '엄마 노릇'이라는 부담감 때문에 아이를 키우는 기쁨과 행복을 충분히 누리지 못했어요.

그때 비슷한 시기 아이를 낳아 키우고 있는 엄마들을 만나게 됐어요. 엄마로 산다는 것에 대해, 나 자신에 대해, 사회구조에 대해 대화하고 또 공부했어요. 그러면서 알게 됐어요. 엄마라서 행복하고 엄마라서 불행한 게 나쁜만이 아니라는 걸. 잘못된 건 엄마로 사는 게 종종 힘들다고 느끼는 내가 아니라, 엄마에게 단 한 가지 감정만을 요구하는 사회라는 걸요.

집 안에서는 독박육아, 집 밖에서는 맘충혐오와 경력단절. 엄마에게 육아의 모든 부담을 지우는 한국사회에서 엄마라는 직업은 분명 극한직업이에요. 비혼-비출산을 택하는 여성들이 급속도로 늘어나는 이유겠죠.

하지만 우리는 이미 결혼과 출산이라는 선택지를 택했고 엄마가 됐어요. 기자, 디자이너 출신 엄마 넷은 지금, 여기에서 행복해질 수 있는 방법을 찾고 싶었어요.

'우리는 아이도 중요하지만 나 자신도 중요해. 엄마로 살면서도 나를 지키며 살 수는 없을까. 우리와 비슷한 요즘 엄마들에게 공감과 위로, 나아가 대안을 제시하는 콘텐츠를 만들어 보자.'

'마더티브(Mothertive)'라는 온라인 매거진은 2018년 7월 그렇게 탄생했어요. 본업과 육아를 병행하면서 잠을 줄이고 짬짬이 시간을 내서 콘텐츠를 만들었어요. 아이를 데리고 키즈카페에서 회의를 했어요. 아이들이 줄줄이 전염병에 걸릴 때는 도저히 시간을 낼 수 없어 발을 동동 구르기도 했어요. 시간도 체력도 늘 부족했지만 '이런 이야기가 필요했다.'며 응원해주는 독자들의 피드백을 보며 힘을 낼 수 있었어요.

이 책 『엄마는 누가 돌봐주죠?』는 그동안 마더티브에 실렸던 글을 다듬고 새로운 글을 추가해 엮었습니다. 모두가 아이만 챙길 때 우리는 엄마를 돌보고 싶었습니다. 『엄마는 누가 돌봐주죠?』의 주어는 아이가 아닌 오롯이 엄마입니다. 보통의 육아서처럼 '이렇게 안 하면 큰일 난다.'는 강요도, 겁주기도 없습니다.

그저 엄마라는 길을 조금 먼저 걷기 시작한 저자 세 명의 생생한 경험담을 통해 임신·출산·육아에 대한 구체적이고 현실적인 정보와 조언을 담으려 했습니다. 그리고 말하고 싶었어요. 누구나 엄마는 처음이고, 너무 애쓰지 않아도 된다고요. 육아는 아이뿐만 아니라 엄마도 자라는 과정이라고요.

조금 먼저 '엄마'라는 길을 걷고 있는 엄마들로서, 뒤에 올 엄마들은 저희보다 덜 힘들도록, 나를 지킬 수 있도록 돕고 싶어요. 그 과정에서 마더티브도 계속 성장하고 싶고요. 이 책이 그 시작이 되기를 바랍니다.

2. 산후조리원이 진짜 천국이 되려면

3. 호갱은 그만! 출산용품 다시 보기

3부 육아편

1. 수면교육, 정말 필요한가?

2. 완벽한 육아는 없다

3. 반반육아, 남편과 육아를 함께하는 꽤 확실한 방법

‘임신한다면 태교 말고 이것’

1부

임신편

애 낳으면 인생이 끝날 줄 알았다

- 임신하기 전에 알아야 할 4가지

얼마 전 생후 8개월 된 아이를 키우는 후배 부부 집을 방문했습니다. 후배 부부는 아이와 매일 전쟁을 치르느라 진이 다 빠진 듯했어요. 신생아를 키운다는 게 얼마나 지치는 일인지 잘 알기에 안쓰러웠습니다.

"애 키우는 게 이렇게 힘들다고 왜 아무도 이야기해주지 않은 거예요?"

후배 부부는 원망스러운 듯 물었습니다. 그리고 말했습니다. 남들 다 결혼해서 애 낳고 키우니까 우리도 당연히 할 수 있다고 쉽게 생각했던 것 같다고요.

저도 크게 다르지 않았습니다. 결혼한 지 2년 쯤 됐을 때 아이를 임신했습니다. 비출산주의자였던 저는 아이를 낳으면 제 인생은 끝날 거라고 생각했어요. 하고 싶은 일도 많고 욕심도 많고 지독한 개인주의자인 내가 과연 엄마가 될 수 있을까? 자신이 없었어요.

어이없게도 아이를 낳아야겠다고 생각한 계기는 저보다 늦게 결혼한 친구의 임신이었습니다. 이러다 남보다 뒤처지는 게 아닐까 초조해졌어요. 대학-직장-결혼. 정해진 트랙을 그저 열심히 달려온 모범생 콤플렉스가 발동한 거죠. 아마 저처럼 떠밀리듯 얼렁뚱땅 부모가 된 사람이 많을 것 같아요. 남들도 다 하니까.

애 키우는 게 이렇게 힘든 줄 알았다면 아이를 낳지 않았을까요? 잘 모르겠어요. 하지만 아이를 갖는다는 게 어떤 의미인지, 어떤 마음의 준비가 필요한지 좀 더 구체적으로 알았다면 육아가 조금은 수월했을 것 같다는 아쉬움이 있어요.

그래서 준비했습니다. 당신이 임신하기 전에 꼭 알아야 할 4가지.

첫째, 아이는 결코 절로 크지 않아요

"우리 때는 애 참 쉽게 키웠는데, 요즘 엄마들이 나약하고 애들이 워낙 별나서."

이것은 저희 친정엄마의 단골멘트 되시겠습니다. 애는 절로 큰다는 말은 3대가 함께 살던 대가족 사회, 마을공동체가 살아있던 시절에나 가능한 말인 것 같아요. 아이를 돌볼 눈과 손이 그만큼 많았으니까요. 이제는 그 눈과 손 역할을 한두 명의 양육자, 주로 엄마가 좁은 집안에 갇혀 홀로 해내야 합니다. 그 이름도 무시무시한 독.박.육.아.

돌 이전의 아이는 혼자 할 수 있는 게 거의 없어요. 두 돌 정도까지는 의사소통도 제대로 되지 않고요. 아이는 24시간 눈을 떼지 못 하고 돌봐야 할 존재더라고요. 이유를 알 수 없이 울고 떼쓰고 아무리 혼내도 도통 말을 듣지 않고 언제 차도로 돌진할지 위험한 물건을 집어삼킬지 알 수 없는 그야말로 제멋대로인 존재. 아이 낳기 전에는 전혀 몰랐어요.

아이를 키운다는 건 아이에게 양육자의 시간과 체력, 거기에 정신력까지 갈아 넣는 과정을 의미합니다. 정말, 정말 다행스러운 건 이 시간이 영원하지는 않다는 거예요. 아이는 쑥쑥 잘도 자랍니다^^

둘째, 모성애는 당연한 게 아니에요

육아의 총량을 10으로 친다면 아이가 예쁜 순간은 1~2정도 될까요(제가 너무 짠가요;;). 누가 그러더군요. 육아는 단짠단짠이 아니라 단짜라짜라짠짠이라고. 문제는 그 예쁜 순간이 나머지 힘든 순간 8~9를 '잠시나마' 잊게 할 만큼 치명적이라는 거예요. 그래서 둘째를 낳고 셋째를 낳으며, 인류가 계속 번식해왔는지도 모르겠어요.

저 같은 경우 아이의 예쁨이 힘듦을 상쇄하지는 않더라고요. 예쁜 건 예쁜 거고 힘든 건 힘든 거였어요. 그런데 우리 사회는 엄마가 애 키우는 게 힘들다고 공개적으로 말하는 것을 금기시해요. 아이를 낳고 나서 가장 고통스러웠던 건 육아 그 자체보다 육아가 힘든 나 자신이 비정상적이라고 느껴지는 상황이었어요.

내가 모성애가 부족한 게 아닐까.

내가 나쁜 엄마인 건 아닐까.

나는 엄마 될 자격이 없는 사람이 아닐까.

그런 생각이 들면 아이에게 한없이 미안해졌어요.

엄마에게 무조건적인 모성을 강요하는 사회. 사회학자 오찬호는 『결혼과 육아의 사회학』(휴머니스트)에서 이렇게 비판합니다.

> *모성은 모성'애'다. 다른 감정의 결이 여기에 끼어들 순 없다. 모성에 '애'가 붙은 순간, 존중받아 마땅한 각자의 '희로애락'은 부차적인 게 된다.*

육아에도 세상 모든 일이 그러한 것처럼 희로애락이 공존한다는 걸 인정하는 사회가 됐으면 좋겠어요. 엄마도 사람이니까요.

셋째, 애 낳는다고 인생이 끝나지는 않아요

임신하는 순간 내 인생은 끝이라고 생각하던 시절이 있었어요. 일과 육아 사이에서 버티고 버티다 결국 일을 포기한 수많은 엄마들. 애는 같이 만들었는데(?) 남편의 커리어'만' 끄떡없는 분통 터지는 현실. 주변에서 너무나 많이 봐왔죠.

'여자도 남자와 다를 것 없다.' 교육받아왔고 개인의 성취감이 중요한 지금의 미혼여성들이 비혼과 비출산을 진지하게 고민하는 것도 이해가 가요. 저 역시 그런 사람 중 하나였으니까요.

결론부터 말하자면 애 낳는다고 인생이 끝나지는 않더라고요. 대신 다른 인생이 열렸어요. 아이를 키운다는 건 제 밑바닥을 들여다보는 일이었어요. 자고 싶을 때 못 자고 먹고 싶을 때 못 먹고 심지어 싸고 싶을 때도 못 싸는 삶. 그런 삶을 처음으로 경험하면서 저는 제가 어떤 사람인지 더 잘 알게 되었어요.

또 '나' 자신과 아이, 일과 육아 사이에서 방황하면서 제가 진정으로 하고 싶은 일이 무엇인지 치열하게 고민하게 되었어요. 나를 지키고 싶은 엄마들을 위한 '마더티브'를 운영하게 된 것도 그런 고민의 결과였고요.

그러니 여러분도 저처럼 아이를 낳으세요, 라고 강요할 생각은 없어요. 결혼도 출산도 전적으로 개인의 선택이니까요. 다만 저처럼 떠밀리듯 아이를 갖지는 않기를 바랄 뿐이에요.

넷째, 남편도 임신과 출산의 주체

마지막으로 어쩌면 가장 중요한 것. 임신을 진지하게 고민하기로 했다면 모든 과정에서 남편 역시 하나의 주체가 되어야 합니다.

'임신도 출산도 육아도 모두 엄마만의 일은 아니다.'

이 당연한 명제를 머리가 아닌 마음으로 이해하는 것. 엽산 챙겨먹기보다 중요한 임신 준비라고 생각해요.

다시 임신한다면 태교 말고 이것

- 꼭 해보고 싶은 5가지

아이를 배 속에 품은 열 달은 아이 중심으로 흘러갔던 것 같습니다. 출퇴근길에는 클래식 음악을 감상하고, 쉴 때는 육아법과 교육법을 다룬 책을 읽고, 주말에는 아이에게 선물할 태교일기를 썼죠. 아이의 두뇌 발달과 정서 안정을 위해 좋은 걸 최대한 많이 보고 듣고 느끼려 했어요. 태교에 소홀해질 때는 엄마 노릇을 제대로 못 하고 있다는 죄책감이 들기도 하더군요.

그런데요. 생후 34개월 아이를 키우고 있는 지금 타임머신을 타고 가 그 시절의 나를 만날 수 있다면, 몸이 허락하는 한에서 마음껏 즐기라고 말해주고 싶어요. 아이가 아닌 오롯이 나를 위해서요. 의미 있는 태교도 있었지만, 지나고 보니 그땐 너무 아이만을 생각하며 지낸 건 아닌가 하는 아쉬움이 남더라고요. 좀 더 나를 위해 시간을 써도 괜찮았을 텐데 말이죠.

아이를 낳고서야 알았어요.

'육아는 아주 긴 장거리 경주구나.'

잠깐의 엄마 노릇으로 끝나는 게 아니기 때문에 페이스 조절이 중요한 것 같아요. 아이를 위해 계속 100%로 달리면 얼마 못가 지칠 수도 있고, 정말 전력으로 달려야 할 때 그러지 못할 수도 있으니까요.

만약 육아가 이렇게 힘든 장기전인 줄 알았다면 나 홀로 비교적 편하게 밥 먹고 자고 놀 수 있는 임산부 시절을 좀 더 즐기지 않았을까 싶습니다. 물론 그때도 소화가 잘 안 되고 몸이 무거운 정도의 불편함은 있었지만, 아이와 온종일 집에 갇혀 커피 한 잔 편히 못 마시는 처지가 되니 그 시절이 그립네요.

그래서 준비해봤습니다. 다시 임신부로 돌아간다면 꼭 하고 싶은 5가지.

1. 후기 말고 버킷리스트

임신 초기에는 아이가 혹여 잘못될까 봐 최대한 누워서 쉬며 몸과 마음을 안정하려 노력했습니다. 그때마다 스마트폰을 손에 쥐고 '맘카페'에서 각종 후기를 찾아 읽었죠. '임신 ○주 증상', '입덧 끝나는 시기', '임신 아랫배 통증' 등 다른 엄마들의 경험담을 보면서 저의 상태를 점검했습니다.

그런데 맘카페 후기들을 많이 읽는다고 해서 마음이 딱히 편해지진 않더라고요. 주수에 비해 배가 너무 작은 건 아닐까, 배가 너무 자주 당기는 건 아닐까…. 오히려 후기 속 임산부와 나를 비교하면서 괜한 걱정을 했던 기억이에요.

만약 다시 돌아간다면 후기는 정말 궁금한 내용만 찾아서 하루에 딱 3개 또는 5개만 읽고, 차라리 그 시간에 '버킷리스트'를 작성하고 싶어요. 배우고 싶은 일, 가고 싶은 곳, 해보고 싶은 도전을 곰곰이 생각하며 하나씩 써내려가는 거예요. 출산하고 나면 매일 갓난아기를 먹이고 놀아주고 재우느라 나에 대해 차분히 생각할 여유가 정말 없어요. 가끔 정신없이 육아하다 보면 엄마가 되기 이전의 내가 무엇을 좋아하고 어떤 꿈을 꾸며 살았는지조차 까마득해질 때도 있죠.

각종 후기를 읽으며 불안해하는 대신, 앞으로 살면서 꼭 하고 싶은 일들을 미리 적어놓고 즐거운 상상을 하는 건 어떨까요? 출산 후에도 육아가 지치고 힘들 때마다 그 버킷리스트를 꺼내 읽으면서 언젠가 기회가 찾아올 거라는 희망을 잃지 않았으면 해요.

2. '불금'에 고깃집 가기

아이를 키우다 보면 가끔 사무치게 그리워지는 것들이 있는데요, 그 중 하나가 고깃집입니다. 어린 애를 데리고 가기에는 너무 위험한 장소라 잘 엄두를 못 내겠더라고요. 연약한 아이 피부에 기름이 튈 수도 있고, 아장아장 뛰어다니다 불에 델 수도 있으니까요.

임신했을 때는 몸도 무겁고 뜨거운 불 앞에 앉아 있기 싫어 고깃집을 선호하지 않았어요. 회식하러 가도 '또 삼겹살이네.' 하며 시큰둥했던 기억입니다. 왜 그랬을까요. 다시 돌아간다면 남편 또는 친구들과 저녁에 불판 앞에서 두툼한 고기를 실컷 구워 먹고 싶네요.

3. 조용한 북스테이 여행

아이와 함께 떠나는 여행은 갈 곳이 제한적입니다. 밥, 잠, 놀이방을 한 방에 끝낼 수 있는 호텔 아니면 아이가 질리지 않을 키즈펜션 등을 중심으로 동선을 짜는 게 일반적이죠. SNS '핫플'은 민폐를 끼칠까 봐 일찌감치 포기합니다. 특히 조용함이 콘셉트인 카페나 식당은 언감생심! 요즘엔 노키즈존인 곳도 꽤 있어서 가기 전에 꼭 확인해봐야 해요.

다시 돌아간다면 당분간 내 삶에 없을 고요함을 맘껏 느끼고 싶습니다. 통영이나 제주의 북스테이에서 조용히 커피를 마시며 책을 읽거나 차분히 동네를 걷는 여행을 떠나는 것도 좋을 것 같네요.

4. 보고 싶은 공연·영화 관람

임신 8개월 때로 기억해요. 좋아하는 가수의 콘서트 표 예매가 시작됐다는 소식을 SNS에서 접하고는 잽싸게 제일 좋은 자리로 잡았습니다. 그런데 막상 예매하고 나니 걱정이 들었어요. '큰 공연장이라 스피커 데시벨이 클 텐데 아기가 놀라면 어떡하지?' 카페나 길거리에서 음악 소리가 나면 태동이 활발해지곤 했거든요.

아무래도 무리이겠거니 싶어 공연을 며칠 앞두고 취소했습니다. 아이 낳고 다시 도전하자며 내년을 기약했죠. 그 내년이 아직도 오지 않았다는 슬픈 전설이…(먼 산). 다시 돌아간다면 그 콘서트에 꼭 가겠어요. 찾아보니 배에 담요를 두르고 음악을 즐기는 분들도 있더라고요. 두 시간 넘게 서 있는 스탠딩 공연만 아니면 괜찮지 않을까요?

그리고 주말마다 남편과 손잡고 오붓하게 영화 데이트도 즐길 거예요. 아이를 두고 자리를 비우기가 사실상 불가능할뿐더러 양가 부모님에게 잠깐 맡기는 것도 죄송해서 영화관에 잘 못 가는 게 현실입니다. 임산부 여러분, 영화관에서 영화 볼 수 있을 때 많이 봐두세요!

5. 태교일기 대신 부부일기

임신한 동안 아이의 정서적 안정을 위해 태교일기를 꾸준히 썼어요. 다니던 산부인과에서 진행한 태교일기 공모전에서 상도 받았답니다. 그런데 아이를 키우는 지금이 훨씬 더 솔직하게(!) 쓸 얘기가 많네요. 일상이 '기승전육아'니까요.

다시 돌아간다면 태교일기 대신 부부일기를 쓰고 싶어요. 출산하고 나면 부부가 서로 얼굴을 맞대고 대화하는 자체가 하늘의 별 따기예요. 돌 이전에는 잠이 부족해 말할 시간이 없었고, 애가 걷고 나니 뛰어다니느라 바쁘고, 애가 말을 하기 시작하니 "엄마 아빠, 그만 말해."라며 자꾸 끼어

들어 마음 편히 얘기를 못하게 되네요.

새 식구를 맞이하기 전에 배우자와 속 깊은 대화를 나눠보고 싶어요. 말로 했다가는 괜히 예상치 못한 교전이 일어날 수 있으니(^^), 차분히 편지 형식으로 일기장을 같이 쓰는 거죠. 하나의 주제를 정해서 각자의 의견을 쓰는 방식으로요. 왜 당신을 좋아하게 됐는지, 왜 결혼을 결심했는지, 앞으로 어떤 부모가 되길 원하는지, 아이가 태어나면 가사와 육아를 어떻게 분담할 건지 등의 이야기 등….

육아는 아빠, 엄마, 아이 셋이 한 팀이 되어 벌이는 단체전 같은 거라고 생각해요. 특히 초반에는 아무것도 할 줄 모르는 아기를 돌보는 게 보통 일이 아니라 아빠와 엄마 둘의 호흡이 굉장히 중요하죠. 잠과 체력이 부족한 극한 상황에서 함께 아이를 키우려면 그만큼 서로를 잘 헤아려줄 수 있어야 한다고 봐요. 배 속 아기와의 대화보다 당장 내 옆 남편과의 대화가 더 중요한 이유죠. 그렇게 서로 대화하는 법을 익혀두면 육아에 거친 풍파가 닥쳤을 때도 함께 힘을 합쳐 위기를 극복할 수 있지 않을까요?

아무도 알려주지 않은 멘붕 임신증상 4가지

임신에 대해 무엇을 쓸까 고민하다 문득 그날들의 기억(이라 쓰고 '고통'이라 읽는)이 생생하게 떠올랐습니다. 첫째아이는 36개월, 둘째아이는 8개월이 되어가는데도 말이죠.

미디어엔 어쩜 그리 아름답고 우아한 임신부들이 많은지…. 저만 고통스러운 못난이인 것 같아 서러웠고 자책까지 했어요. 지질해 보이기 싫어서 일부러 더 아닌 척하기도 했고요.

그런데 두 아이를 출산하고 이제 와 주변 엄마들과 이야기를 나눠보니 저만 그런 게 아니더라고요. 오히려 우아하지 않은 사람들이 더 많았죠. 늦게나마 나눈 이야기들이 위로가 되었습니다.

어쩌면 지금, 제가 그랬던 것처럼 당황하고 있을 그대를 위해 아무도 자세히 알려주지 않았던 임신의 실상, 멘붕 임신증상을 까발려보려 합니다. 가장 충격적이었던 4가지 증상을 꼽아봤어요.

1. 물도 안 먹었는데 살이 쪄요

첫아이 임신을 알았을 때, 제 생애 가장 날씬했었어요. 그 몸을 잃고 싶지 않았죠. 그런데 입덧이 끝나자마자 무섭게 체중이 늘더라고요. 맹세코 전 정말 많이 먹지 않았는데 나날이 몸은 불어만 갔습니다. 당시엔 너무 당황스러웠어요.

하필 티가 많이 나는 팔뚝, 엉덩이, 허벅지 같은 곳에 살이 붙어 너무 싫었어요. 임신 중에 다이어트를 할 생각도 했다니까요. 정말 어리석은 생각이었죠.

체중 증가는 임신증상의 가장 기본 중의 기본일 텐데 어쩜 그리 싫었는지…. '완벽한 D라인' 같은 미디어가 만든 임신 환상 때문이었겠죠. 체질마다 조금씩 다르겠지만 전 정말 물 한모금 안 먹어도 살이 찌더라고요. 총 15kg이 쪘는데 의사가 많이 찐 건 아니라고 하더군요. 출산 후 고된 육아와 약간의 운동, 복직 스트레스로 몸무게가 원상 복귀되긴 했습니다.

그리고 둘째 땐 마음 편히 지냈어요. 내가 무슨 짓을 해도 살이 찔 거라는 걸 잘 알고 있었으니까요. 언제 이렇게 마음 놓고 살쪄보겠나 싶어 도리어 마음껏 먹고 쉬었어요. 그렇게 20kg이 불었습니다. 그리고 지금 다시 천천히 돌아가고 있는 중이에요.

임신 중 체중 증가는 평균 11~16kg이 가장 이상적이라고 하니 잘 먹고 푹 쉬세요! 체중 조절이 필요하면 의사가 다 얘기해주더라고요. 가끔 지방이 아니라 붓기일 수도 있으니 잘 관찰하시고요.

참, 생애 처음이자 마지막이 될 풍만한 가슴은 덤. 즐겨요, 즐겨.

2. 거뭇거뭇… 얼룩이가 되어가네

깊어지는 목주름, 거뭇거뭇한 겨드랑이, 배에 선명하게 그어진 보랏빛 임신선, 빅파이가 될 기세로 짙어지고 커지던 유륜.

정말 충격적이고 당혹스러운 것들이었어요. 태어나 처음으로 겪는 신체 변화인 데다가 아름다움, 우아함 같은 것들과는 거리가 아주 멀어 보이잖아요.

임신한 게 아니라 마치 늙고 있는 것 같았어요. '이렇게 난 아줌마가 되고, 할머니가 되는 거구나.'라며 삽질을 해댔죠. 남들에겐 보이지도 않는 것들인데 나이 들어 보일까 봐 혼자 엄청나게 의식했어요.

다행히 출산 후 시간이 지나면서 얼룩들은 대부분 점점 사라졌는데 임신선은 아직 희미하게 남아있어요. 사람에 따라 없어지지 않을 수도 있다네요. 하…. (feat. 늘어진 뱃살)

3. 앉아도, 누워도 고통스러운 치골통

첫아이 때는 이 고통을 전혀 몰랐어요. 그런데 둘째아이를 임신했을 때 이상하게 Y존이라 불리는 부근의 뼈가 빠질 것처럼 너무 아픈 거예요. 그곳에서 시작한 통증은 양쪽 골반으로 이어졌고요. 이 고통으로 태어난 지 33년 만에 '치골'의 존재를 알았어요.

마침 회사에서 수년간 쌓여있던 물품 정리를 몇날 며칠 해야 했는데 그땐 정말 미치는 줄 알았어요. 많이 서 있어서 그런가 싶어 최대한 앉거나 누워있어 보았는데도 고통은 여전했어요. 아름다움은 개뿔. 나중엔 제대로 걷지도 못해 삐딱한 자세로 다리를 절며 다녔어요.

건강 하나는 자부했던 터라 속이 상했어요. 임신 전 몸 관리를 제대로 하지 않아 아픈 줄 알고 자책했어요. 그런데 찾아보니 흔한 임신증상 중 하나더라고요. 태아의 압박으로 인한 것이라고.

첫아이 때처럼 제왕절개 수술 일주일 전까지 일할 계획이었는데 결국 백기를 들었어요. 남은 휴가를 모두 끌어 모아 최대한 빨리 출산휴가에 돌입해 환자처럼 누워 지냈습니다.

너무 고통스러워 의사에게 치료 방법을 물었죠. “애를 낳는 것밖에 방법이 없다.”는 답이 돌아왔습니다. 그리곤 정말 출산과 동시에 싹 나았다는 믿기지 않는 이야기. 하지만 또 다른 고통이 기다리고 있었죠.

4. 넌 내게 모욕감을 줬어… 시도 때도 없는 생리현상

이런 것까지 얘길 해야 하나 엄청나게 고민했지만 사실 임신부들 대부분이 겪고 가장 당황스러워하는 증상 중 하나이기에 용기 내 봅니다. 저 역시도 이게 가장 힘들었고 치욕스럽기까지 했어요.

배가 점점 불러오면서 방광을 누르기 시작하니 시도 때도 없이 소변이 마려운 거예요. 몇 번이고 화장실을 들락날락. 여기까진 괜찮았는데 정말 당황스러웠던 건 ‘찔끔’이었습니다.

얘기할 때마다, 웃을 때마다, 걸을 때마다 찔끔, 찔끔, 찔끔. 아, 정말이지 여자로서 아니 인간으로서 치욕의 끝을 이렇게 맛보는구나 싶기까지 했어요. 점점 심해져서 막달에는 생리대가 필요할 정도였으니 말 다했죠.

방귀는 또 왜 이리 안 참아지는지 첫아이 임신 때 결국 남편에게 방귀를 터버렸습니다. 뿡뿡이가 따로 없었네요. 미안해, 남편.

제어할 수 없는 몸뚱이가 감당이 안 됐어요. 이쯤에서 모든 것을 놓아버렸죠. 임신은 절대 아름다울 수 없다며. 괜한 배신감과 반발심이 들어 만삭사진을 찍지 않는 걸로 풀었습니다.

끝! 하지만 매우 안타깝게도 여기서 진짜 끝이 아니죠. 이 외에도 입덧, 만성피로, 가려움증이나 여드름과 같은 피부 트러블, 불면증 등 더 많은 증상이 임신부들을 괴롭힙니다.

임신이 숭고하고 아름다운 과정인 것도 맞지만 실상은 고통스러운 부분들이 더 많아요. 엄마가 수많은 고통을 감내해야만 소중한 새 생명을 만날 수 있는 것이죠.

제 이야기가 조금이나마 예비엄마들에게 위로가 되길, 그리고 예비엄마들을 위한 주변의 배려가 늘길 기대하며…. 그리고 출산! 우리는 더 많은 멘붕을 겪게 됩니다. 마음의 준비를 단단히 합시다.

엄마의 책

홍현진

『아기 낳는 만화』

쇼쇼 | 위즈덤하우스

사장님, 왜 이렇게 살쪘어요?

'거봐! 임신했을 때도 힘든 거 맞잖아!'

출산 후 몇 년이 지나 『아기 낳는 만화』를 봤을 때 동지를 만난 듯 반가웠다. 저자 쇼쇼는 '왜 때문에 분만만 힘든 것처럼 말해.' '왜 때문에 임신 중에도 힘들고 아플 수 있는 거 아무도 말 안 해줘.'라며 임신과 출산의 경험을 만화로 기록하게 된 이유를 설명한다.

모두가 입을 모아 임신·출산은 힘들지만 숭고하고 대단한 일이라고 말하면서 어떻게, 왜 힘든지에 대해서는 어째서 함구하는지에 대해 임신 기간 내내 생각했어요.

임신과 출산에 대해 부정적 감정을 표현하는 것이 죄악시되는 사회. 쇼쇼는 이 만화를 통해 '엄마도 사람'이라고 말하고 싶었단다(훌쩍).

모든 일에는 장단점이 있고 그로 인해 어려움을 겪는 사람이 있다면 그것을 정확히 알고 개선하는 노력은 필요하다고 생각해요.

"이 만화를 교과서로 지정해야 한다."는 말에 백번 공감하면서, 사심 가득 담아 뽑아봤다. 『아기 낳는 만화』 최애 에피소드 셋.

1. 아름다운 임신2

"거, 거북이라니!!!"

쇼쇼가 그린 등껍질의 위아래가 뒤바뀐 거북이 그림을 보며 육성으로 빵 터졌다. 머리는 떡 져서 해초 같고 얼굴에는 여드름, 몸은 어쩐지 계속 가렵고(긁적긁적) 인생 최대 몸무게 경신까지!

임신했을 때가 생각났다. 겨드랑이가 얼룩덜룩 까매졌을 때 충격이란! 수박에 줄그어 놓은 듯 선명한 배 위의 임신선은 또 어떻고(평생 이렇게 살아야 하는 거야???). 임신부의 신체변화를 이렇게 사실적으로 표현한 만화가 또 있을까. 하이퍼리얼리즘인데 그림체는 또 너무 귀엽다.

"배도 예쁘게 나오고 어디서나 축복만이 가득할 것 같은 모습"은 현실 임신부와는 거리가 멀어도 한참 멀다. 물론 포토샵 가득한 만삭 사진에서는 가능하지만.

그런데 세상은 여성에게 임신했을 때조차 자신을 철저히 관리하고 여성성을 잃지 않을 것을 요구한다. 'D라인'이라는 말이 대표적. 연예인들의 D라인을 보며 보통의 임신부들은 자기 관리를 철저히 하지 못한 자신을 탓한다.

쇼쇼는 말한다. "본인들의 '아름다운 임신부상'을 다른 사람에게 강요하지 말아"달라고.

2. 임신부에게 매너를 지켜주세요

"어떻게 매너를 지켜야 할지 너무 어렵다고요?"

"저는 그럴 때 상대방을 사장님이라고 생각한답니다!!"

후. 심호흡하고 임신했을 때 들었던 말들을 떠올려 본다.

"임신부가 커피 마셔도 돼?"

"매운 거 먹어도 돼?"

"밤늦게 돌아다녀도 돼?"

"옷 그렇게 입어도 돼?"

"왜 이렇게 살쪘어?"

여기에

"육아휴직 들어가서 쉬니까 좋겠다. 난 임신한 여자들이 제일 부러워."

(참고로 이 말은 30대 남자 동료가 실제로 했던 말이다. 잘 지내지?^^)

임신했다는 이유로 세상 모든 잔소리와 오지랖을 감당해야 했던 날들.

임신부는 화내면 애한테 안 좋다고 해서 애써 참았던 기억이 난다. 허허(feat. 화병).

저출산이 문제라고, 임신은 축복이라고 하면서 왜 때문에 임신부석에는 임신과 전혀 상관없는 사람이 떡하니 앉아 있는 걸까. 왜 때문에 임신부 배를 아무렇지도 않게 만지는 걸까.

어떻게 매너를 지켜야 할지 어려울 때 상대방을 '사장님'이라고 생각해 보자는 쇼쇼. 귀여운 발상인데 통쾌하다.

3. 선육아자들의 농담+그 이후

"누워 있을 때가 좋은 거야~"

"못 걸을 때가 좋은 거야~"

"말 못할 때가 좋은 거야~"

육아선배들의 "그때가 좋을 때다." 레퍼토리는 개월 수가 높아질수록 버전을 바꿔 계속된다. 하지만 조산기 때문에 입·퇴원을 반복하며 임신 기간의 80% 이상을 누워서 보냈다는 쇼쇼는 누워만 지내는 것보다는 육아가 더 쉬웠다고 한다. 그렇다고 육아가 마냥 쉬운 건 아니지만.

나는 입덧이 그리 심한 편은 아니었지만 임신 내내 내 몸이 내 몸 같지 않아서 답답하고 우울했다(내 배 속에 다른 생명체가…). 그때를 떠올리면 아이가 혼자 걸어 다니고 말도 할 줄 아는 지금이 더 나은 것 같다.

그렇다고 해서 지금 힘들지 않다는 건 아니다. 그때는 그때의 어려움이 있었고, 지금은 지금의 어려움이 있을 뿐. 더불어 그때는 그때의 기쁨이, 지금은 지금의 기쁨이 있다. 꼬물꼬물 신생아 젖 냄새가 그리웠다가도 아이와 친구처럼 대화할 수 있는 지금이 행복하기도 하다.

임신과 출산, 육아의 경험은 저마다 다르다. 의미심장한 표정을 지으며 "그때가 좋은 거야~ 앞으로 얼마나 무시무시한 일이 벌어질지 모르지?" 말하기보다는 아래 쇼쇼의 당부처럼 그냥 공감하고 위로해주면 안 될까.

> *아기 낳으시는 분들 저같이 괜한 걱정 근심 안 하셨으면 좋겠어요. 다음 스텝을 잘 알고 잘 대처하면 될 것 같아요. 육아 먼저 하시는 분들도 미래의 문제보다는 현재의 어려움에 대한 공감과 위로의 말을 해주시면 어떨까요. 모두가 각자의 자리에서 어려움이 있는 거잖아요.*

이런 사람들에게 추천

☞ 임신, 할까 말까 고민된다면

☞ 리얼 임신증상이 궁금하다면

☞ 둘째 욕심이 난다면

'엄마'로서의 삶이 현실이 되는 순간

2부

출산편

1. 쉬운 출산은 없습니다

자연분만 실패한 저는 '루저'일까요?

분만 침대에 누워 힘껏 아이를 낳을 거라는 전제를 의심해본 적이 없었습니다. 자연분만은 말 그대로 가장 자연스럽게 출산하는 방식이니까요. 진통을 견디고 힘을 줘서 아이를 세상 밖으로 밀어내면 되는 줄 알았죠. 다른 방식의 분만은 선택지에 없었어요. 자연분만이 수술보다 부작용이 덜하고 출산 후 회복도 빠른 데다, 무엇보다 아이에게 좋다고 하니 당연히 자연분만을 해야 한다고 믿었죠.

임신 28주 정기검진 때로 기억합니다. 주치의에게 날벼락 같은 결과를 들었어요.

"수술을 해야 할 수도 있겠네요."

의사는 배 속 아기가 '역아'여서 이대로는 자연분만이 어렵다고 진단했습니다. 임신 후기에 접어들면 아기가 엄마의 다리 쪽으로 머리를 두는 게 정상 방향이에요. 그래야만 분만할 때 머리부터 팔, 다리 순차적으로 나올 수 있거든요. 반면 저희 아이는 머리가 계속 위쪽을 향해 있었어요. 역아 자연분만은 위험해서 대부분 제왕절개 수술로 낳는 편이에요. 배를 절개해 아이를 꺼내야 한다는 뜻이죠.

이럴 수가! 엄마에게 물려받은 타고난 왕골반을 써보지도 못한다니. 예상치 못한 상황에 그야말로 머리는 백지장이었습니다. 데드라인은 임신 32주. 그때까지 아이가 방향을 틀지 않으면 수술 날짜 잡기로 했습니다.

그날부로 정말 할 수 있는 건 다 했던 것 같네요. 고양이 요가 자세가 역아 돌리는 데 도움이 된다 해서 집에선 거의 네 발 동물처럼 엎드려 살았고, 때와 장소 구분 없이 배를 문지르며 아이에게 제발 돌아달라고 읍소도 해봤죠.

그렇게까지 안 해도 괜찮아요

그렇게 약속의 32주를 맞이했습니다. 의사는 초음파로 배 속을 살펴보더니 조심스럽게 결과를 알려줬어요.

"다음 검진까지 원하는 수술 날짜를 정해오세요."

결과는 실패. 그렇게 노력했는데도 아이는 꼼짝도 안 했더군요. 이대로 포기하기는 싫었어요. 왠지 방법이 있을 것 같아 이리저리 알아봤는데, 다행히도 자연분만 할 수 있는 마지막 기회가 남아 있었습니다.

그 이름은 바로 '역아회전술'. 산모 배를 손으로 밀어서 태아를 돌리는 시술이에요. '맘카페'에 후기나 질문이 여러 건 올라와 있는 걸 보면 역아를 품은 산모들이 많이 알아보는 듯합니다. 찾아보니 몇몇 대학병원이 유명했어요. 성공사례도 꽤 있더군요. 다만 아기를 돌릴 때 아프고, 성공을 장담 못할 뿐더러, 시술하다 잘 안되면 응급수술을 할 수도 있대요.

그럼에도 전 위험을 감수하고 역아회전술을 시도해보기로 했습니다. 자연분만을 해낼 수만 있다면 가능한 건 다 해볼 생각이었어요. 역아 돌리기에 성공해서 자연분만 했다는 엄마들의 후기를 읽으며 더욱 의지를 불태웠습니다.

다음 검진 때 주치의를 찾아가 수술 희망 날짜 대신 역아회전술 이야기를 꺼냈습니다. 잘하는 병원을 추천해달라고 물어볼 요량이었죠. 의사는 의미심장한 미소를 지으며 말했어요.

"꽤 아프고 힘들 텐데…. 그렇게까지 안 해도 괜찮아요. 뭐 하러 두 번이나 고생하려 해요?"

저는 불안했던 것 같아요. 배를 가르는 게 가벼운 수술이 아니니 무섭기도 했지만, 무엇보다 아이가 자연분만의 장점을 누리지 못한 채 세상에 나와도 괜찮을까 하는 죄책감 때문이었어요. 자연분만한 아기는 제왕절개 아기보다 면역력이 강해서 아토피피부염에 걸리는 확률이 낮고, 뇌 기능이 활발할 뿐만 아니라, 태어나자마자 스스로 자연스럽게 호흡할 수 있대요. 그렇다면 제왕절개로 태어날 내 아이는 자연분만 아기보다 덜 건강하고 덜 똑똑하며 호흡이 불안정할 수도 있다는 뜻인가 싶었죠.

의사 말을 들으며 제가 중요한 걸 놓치고 있다는 걸 어렴풋 알게 됐습니다. 아이와 내가 무사히 만나는 게 출산의 목적인데, 자연분만에 성공한 엄마가 되고 싶다는 욕심, 아이를 완전무결하게 키우고 싶다는 조바심, 뒤처지고 싶지 않다는 경쟁심 같은 마음이 앞섰던 것 같아요. 결국 전 제왕절개를 하기로 마음먹고, 임신 38주가 되는 12월 8일로 수술 날짜를 정했습니다.

드디어 아이와 만나는 날. 수술대에 십자가 모양으로 누워 팔다리가 묶이고 있는데 불현듯 『임신출산육아백과』(김건오|리스컴)에서 읽었던 내용이 떠올랐지 뭐예요.

고생 끝에 자연분만에 성공하면 무엇과도 바꿀 수 없는 자부심과 성취감을 얻을 수 있다. (중략) 제왕절개는 자연분만에 비해 부작용과 합병증이 많다. (중략) 산모가 정서적으로 허탈감을 느낄 수 있다. 제왕절개 분만의 가장 큰 단점은 바로 산모의 감정 상태다. 출산에 적극적으로 참여하지 못했다는 실패감과 열 달 동안 자연분만을 계획하고 노력한 결과에 대한 허망함을 느껴 육아에도 영향을 미치게 된다.

확신에 찬 그 말 앞에서 전 또다시 슬퍼졌습니다. 이대로 자연분만을 하지 못했다는 패배감에 휩싸여 아이와 조우하게 되는 건가. 제왕절개로 아이를 낳는 난 루저인 건가. 뛰는 심장과 복잡한 생각들로 머릿속이 시끄러워진 사이, 의료진이 다가와 입에 산소호흡기를 씌우며 말했어요.

"푹 주무세요."

출산은 도전과제가 아니다

"산모님 일어나세요. 아기 보여드릴게요."

마취가 덜 풀려 자꾸 감기는 눈을 힘주어 떴습니다. 고개를 겨우 가눠 주변을 살피니 가지런히 늘어선 환자용 베드가 보였어요. 수술이 끝난 뒤 회복실로 옮겨진 걸 그제야 알았죠. 저 멀리서 간호사가 두툼한 이불 포대기 같은 걸 안고 다가왔습니다. 그 이불 속에서는 얼굴이 벌건 아기가 까만 눈을 반짝이고 있었어요.

'무사했구나. 고마워. 다행이다. 이걸로 충분해.'

딱 네 문장 외에는 어떤 생각도 들지 않았습니다. 출산에 적극 참여하지 못했다는 패배감, 허망함 같은 건 머릿속에서 진작 사라졌죠. 물론 무엇과도 바꿀 수 없는 자부심과 성취감 또한 느끼지 못했지만 상관없었습니다. 더는 제게 출산은 성취와 승패의 영역이 아니었으니까요. 가슴이 부풀어 오르는 듯 벅차고 코가 시큰하긴 했는데, 그건 열 달 만에 서로 얼굴을 마주했다는 설렘이자 살아 있다는 안도감이었던 것 같아요.

간호사가 제 상의 단추를 풀더니 아이에게 젖을 물려줬습니다. 아무것도 나오지 않는 엄마 가슴을 힘차게 빠는 아이의 입이 어찌나 야무지던지. 그때 저는 속으로 조용히 빌었습니다.

'이제 저는 이 아이의 다부진 입, 말랑한 살, 빛나는 눈이 없는 삶을 상상할 수 없습니다. 오래도록 이 촉감을 느끼며 살게 해주세요.'

자연분만을 하지 말라는 뜻으로 제 이야기를 구구절절 늘어놓은 게 아닙니다. 선택이란 걸 할 수 있다면 웬만해선 자연분만을 하라고 권하고 싶어요. 자연분만이 제왕절개보다 산후회복이 빠른 건 사실이니까요. 다만 자연분만이 좋다는 말과 자연분만을 해야 엄마가 성취감을 느낄 수 있다는 말은 다른 문제라고 생각합니다. 자연분만이든 제왕절개든 출산은 엄마와 아이가 세상에서 건강하게 만나는 과정이지 도전과제는 아니니까요.

이 세상에 쉬운 출산은 없습니다. 제왕절개를 하면 며칠 제대로 걷지 못할 정도로 통증이 심해요. 누군가는 애 낳을 때 진통을 느껴야 모성애가 생긴다고 하는데, 그런 원리라면 제왕절개를 한 산모는 모성애가 넘쳐흘러서 헤엄쳐 다녀야 할 겁니다. 수술 후 온몸이 바스러질 듯한 고통을 겪는데도 그걸 참고 겨우 걸어가 어떻게든 아이의 얼굴을 보고 젖을 물리니까요.

무엇보다도 많은 산모들이 출산에 너무 많은 힘과 감정을 소모하지 않았으면 좋겠습니다. 어떻게 분만하든 엄마와 아이가 무사히 만나면 되는 거니까요. 출산은 짧고 육아는 길답니다. 인생처럼.

4.14kg '쌩'으로 자연분만, 내가 왜 그랬을까?

먼저 음악 한 곡 들으며 시작할까요.

'Drive It Like You Stole It' 「원스」, 「비긴 어게인」을 만든 존 카니 감독의 음악 영화 「싱스트리트」 OST입니다. 듣기만 해도 신나고 어깨춤이 절로 나오는 노래인데요. 저는 이 노래를 들으면 이 동작이 떠올라요. '합장합족'. 일명 개구리 자세라고 하는 건데요. 바닥에 드러누워 양 손바닥을 가슴 앞에 모으고, 양 발바닥도 마주치게 모아줍니다. 그리고 양손과 양발을 동시에 쭉쭉 뻗었다 당겼다를 반복합니다. 헛둘헛둘.

합장합족은 대표적인 순산운동인데요. 출산 예정일을 한 달 정도 앞두고 미친 듯이 개구리 운동을 했던 기억이 나네요. 임신 36주 검사 때 아기 몸무게가 이미 3kg대를 돌파했거든요. 아이가 더 크면 낳을 때 힘들까 봐 빨리 나왔으면 했어요.

머리는 헝클어지고 허리가 점점 아파옵니다. 땀이 막 쏟아져요. 그래도

1초에 하나씩 헛둘헛둘.

그래서 애가 빨리 나왔냐고요? 예정일을 한 주 넘기고, 아이는 4.14kg으로 태어났어요. 무통주사 없는 자연분만이었어요.

도전! 자연분만

대부분의 산모들이 그렇듯 저도 자연분만을 꼭! 하고 싶었어요. 제가 출산한 병원은 제왕절개 비율이 10%대인 곳이었어요. 자연스러운 출산을 추구하는 곳이었고, 불필요한 의료적 개입을 최소화하기 위해 임신 중 정기검진도 다른 병원의 절반밖에 하지 않았어요.

대신 한번 병원을 찾으면 아이의 상태에 대해 30분 넘게 자세한 설명을 들을 수 있었고, 비상상황에는 원장님과 바로 소통할 수 있었어요. 당연히 병원 입장에서는 돈이 안 됐지만 그만큼 원장님의 철학이 확고한 곳이었어요.

의료적 개입을 줄이는 대신 의사가 강조한 건 산모의 노력이었어요. 의사는 자연스러운 출산을 위한 순산운동을 강조했어요. 산모수첩에는 '순산을 위한 운동일지' 페이지가 따로 마련돼 있었어요. 거기에 매일매일 어떤 운동을, 얼마나 했는지 기록했어요.

매일 1만 보를 걸었고, 일주일에 두 번은 문화센터에서 요가수업을 들었어요. 문화센터에 가지 않는 날도 집에서 동영상을 틀어놓고 순산요가를 했답니다. 심지어 태교여행 가서도 숙소에서 요가를 했어요.

의사는 체중관리도 중요하다고 했어요. 아이가 4.14kg으로 태어났는데 제 몸무게는 41주 동안 11kg이 늘었어요. 체중관리에 성공한 거죠. 매일매일 다이어트 하는 심정으로 체중계에 올랐고, 칼로리 하나하나 체크하며 음식을 먹었어요. 제 평생 그렇게 혹독한 다이어트는 처음이었네요.

마지막에는 소화가 안 돼서 음식을 거의 못 먹었는데 그때 제 사진을 보면 뭔가 울고 싶어집니다. 너무 불쌍해서요. 피골이 상접한데 배만 볼록 나온 모습. 저는 환상 속의 '유니콘 임신부'가 되고 싶었던 것 같아요.

내 맘대로 안 되는 출산

이렇게 열심히 노력했는데, 글쎄 예정일이 다 돼 가는데 애가 나올 생각을 안 하는 거예요. 예정일 한 달 전부터 출산휴가를 내고 집 정리 다 하고 출산준비도 다 해놨는데. 책이고 영화고 보다보다 지쳐서 심지어 미드 「브레이킹 배드」 시즌 5까지 다 달렸다고요.

결국 예정일을 넘기자 저는 극도로 불안해지기 시작했어요. 미친 듯이 출산후기를 찾아봤어요. 산모들 사이에서 유도분만으로 진통 끝에 제왕절개한 케이스는 '최악'으로 통하더군요. 출산후기에 느껴지는 그 열패감이란…. 저도 그렇게 될까 두려웠어요. 실패하게 될까봐.

아이는 조금도 나올 생각을 하지 않았어요. 40주 5일. 유도분만 날짜를 잡아서 병원에 갔는데 자궁 문이 하나도 열리지 않았다네요. 의사는 지금 같은 상황에서 유도분만을 하면 고생 끝에 수술할 확률이 높다고 했어요. 그러면서 이렇게 덧붙이더군요. 산모가 순산운동을 열심히 해왔다면 아이가 크더라도 자연분만이 가능하다고요. 조금 더 기다려보기로 하고 저는 출산가방을 도로 들고 나왔어요.

누군가 그러더군요. 출산은 아이가 결정하는 거라고요. 자연분만은 저만의 노력으로 할 수 있는 게 아니었어요. 아이의 상황과 제 상황이 맞아떨어져야 해요. 예정일을 일주일 넘기면서 저는 깨달았어요. 아이를 낳는 건 결코 내 맘대로 되는 일이 아니라는 걸. 지금 생각하면 그건 앞으로 시작될 육아의 복선이었던 것 같아요.

짐승의 시간

저는 평생을 '범생이'로 살아왔어요. 제가 열심히 최선을 다 한다면 뭐든 다 할 수 있다고 믿으며 살아왔어요. 출산도 그렇게 할 수 있을 거라고 생각했어요. 자연분만을 못하면 실패자가 되는 거라고.

그런데 그거 아시나요? 우리나라 제왕절개 비율이 45%라고 해요(2017년 기준). 두 명 중 한 명은 제왕절개를 하는 거죠. 누구나 자연분만을 하는 것도 아닌데 왜 산모들에게 자연분만이 정답인 것처럼 강요하는 걸까요. 모유수유도 마찬가지고요.

40주 6일. 그토록 기다리던 이슬이 비쳤고, 양수가 새기 시작했어요. 그때부터는… 아, 그건 정말 짐승의 시간이었어요. 누가 출산을 아름답다고 했나요. '그냥 나중에 낳으면 안 될까요?' 소리가 절로 나오더군요.

더구나 제가 다니는 병원은 자연스러운 출산을 추구하는 병원이었기 때문에 무통주사를 놔주지 않았어요. 무통주사를 맞게 되면 아이와 산모에게 안 좋은 영향을 주게 될 수 있고 수술할 확률이 높아질 수 있다는 이유였죠. 출산에는 어느 정도 고통이 필요하다는 원장님의 철학도 있었어요.

출산 전만 해도 다 참을 수 있으리라 생각했어요. 나는 엄마니까! 하지만 저는 원래 고통을 잘 못 참는 인간이에요. 조금만 아파도 약을 먹고 병원을 찾아야 해요. 엄마가 된다고 해서 없던 능력이 갑자기 생기지는 않더군요. 제발 진통제라도 한 알 꿀꺽 삼켰으면 하는 심정이었어요(지금도 진통제를 먹을 때마다 저는 분만실을 떠올립니다).

난산 끝에 아이는 건강하게 태어났어요. 문제는 저였죠. 출산 직후 철분이 부족해서 두 번이나 쓰러졌고, 회복하는 데도 한참이 걸렸어요. 조리원에서는 거의 좀비처럼 살았어요. 조리원에서 만난 제왕절개 산모가 그러더군요. 이렇게 아픈 걸 못 참는데 어떻게 그렇게 큰 애를 자연분만으로 낳았냐고. 마사지실 이모님은 제가 이 조리원에서 가장 상태가 안 좋은 산모라고 말했어요. 집에 가서 애 어떻게 키울지 걱정된다고.

자연분만이 뭐라고

조리원에서 나올 때까지만 해도 저는 자부심이 있었어요. 나는 무통주사도 맞지 않고 4.14kg 남자아이를 자연분만으로 출산했다! 뭔가 인간

승리의 주인공이 된 것 같은 느낌이었죠. 남들도 다들 대단하다고 했고요. 이후 『82년생 김지영』(조남주|민음사)을 읽으면서 제 출산 과정을 다시 되돌아보게 됐어요.

머리만 좀 지끈거려도 쉽게 진통제를 삼키는 사람들이, 점 하나 뺄 때도 꼭 마취 연고를 바르는 사람들이, 아이를 낳는 엄마들에게는 기꺼이 다 아프고, 다 힘들고, 죽을 것 같은 공포도 다 이겨내라고 한다. 그게 모성애인 것처럼 말한다. 세상에는 혹시 모성애라는 종교가 있는 게 아닐까. 모성애를 믿으십쇼. 천국이 가까이 있습니다!

임신과 출산 과정을 생각하면 저는 제 자신이 참 안타까워요. 자연분만이 뭐라고 그렇게 내 자신을 괴롭혔을까. 자연분만은 금메달, 제왕절개는 동메달도 아닌데 무슨 올림픽이라도 나가는 것처럼 제 자신을 채찍질했던 것 같아요. 조금 더 여유를 가졌으면 좋았을 텐데.

한 친구는 제왕절개를 해야 한다고 하자 시어머니가 그랬다더군요. 네가 뭐가 부족해서 자연분만을 못하냐고. 루저가 된 것 같아 속상하다는 친구를 보는데 제가 다 마음이 아팠어요. 그 친구에게 이렇게 말해줬어요.

"자연분만, 제왕절개. 지나고 나면 다 상관없어. 제일 중요한 건 산모와 아이 건강이야."

3년 전으로 돌아간다면 제 자신에게 해주고 싶은 말이기도 해요.

둘째 출산은 쉽냐고요? 유서 썼습니다

"첫째 잘 낳았잖아, 둘째 낳는 건 쉽지 뭐."

둘째를 임신했을 때 많이 들었던 말 중 하나입니다. 제가 첫째를 비교적 순탄하게 분만했다고 생각하는 사람들은 어김없이 이런 말을 하곤 했어요.

하지만 전 첫째를 낳을 때도 쉽지 않았고 둘째 출산을 앞두고도 매우 힘들었어요. 몸도 몸이지만 마음이 정말 많이 어려웠죠. 출산에 대한 두려움 때문이었습니다.

후기를 봐도, 안 봐도 출산은 무서워

처음으로 임신을 하고 가장 많이 한 일은 출산후기를 찾아보는 것이었어요. 두려움이 컸기 때문이죠.

손가락 하나 굵기만 한 질로 수박이 나오고, 그에 앞서 생리통의 백배가 넘는 진통도 겪어야 한다더군요. 도저히 무섭지 않을 수가 없었어요.

그래도 먼저 겪은 이들을 통해 출산 과정의 면면을 미리 숙지하면 마음의 준비를 할 수 있을 거라 생각했어요. 두려움을 다스릴 수 있을 거란 믿음으로 열심히 출산후기를 찾아 읽었죠.

의식적으로 '성공 후기'를 더 찾아봤던 것 같아요. 무통주사를 맞고 큰 통증 없이 아이를 낳았다는 사람, 딱 세 번 힘을 줬는데 아이가 '쑴풍' 나왔다는 사람…. 매일 밤, 탈 없이 아이를 잘 낳았다는 사람들의 후기를 보면서 '나도 별일 없이 잘 될 거야.'라고 스스로 안심시켰죠.

그런데 이상하게도 두려움은 더 커졌어요. 열 개의 순산후기를 보아도 한 개의 난산후기 때문에 몇 날 며칠 불안함에 끙끙 앓기까지 했어요.

후기를 찾아보았던 애초의 목적은 완전히 방향을 잃었어요. 두려움은 또 다른 두려움을 낳았고 전 제가 처하지도 않은 상황을 미리 사서 걱정하는 심신미약 임산부가 되고 말았어요.

출산은 잘 했느냐고요? 첫째아이가 끝까지 머리를 위쪽으로 하고 있던 바람에 결국 전 제왕절개 분만을 했습니다. 임신 기간 내내 보았던 자연분만 출산후기들은 마지막까지도 큰 도움이 되지 못했어요.

차마 털어놓지 못한 두려움

제왕절개 분만이 결정된 날, 제가 처음으로 한 일 역시 '제왕절개 출산 후기'를 찾아보는 것이었어요. 그런데 이전과는 달랐어요.

수술 절차 중 병원에선 자세히 얘기해주지 않는 유용한 팁 정도만 찾아보았죠.

예를 들어 '전날 입원해서 불편하게 있는 것보단 편하게 집에서 쉬고 아침 일찍 입원하는 걸 추천한다, 수술실에는 내 발로 걸어 들어간다, 수술할 때 무서우면 옆에 계신 선생님들께 얘기해도 된다.' 같은 것들이요.

그리고 후기를 읽으며 두려움을 키우는 것보다 나의 두려움을 직접 써 보기로 했어요. 하나씩 써 내려가다 보니 내가 다시 눈을 뜨지 못하게 될 수도, 어쩌면 신체 일부를 쓰지 못하게 될 수도 있음을 두려워하고 있다는 걸 깨달았어요.

내가 원해서 가진 아이인데 이 아이를 낳으면서 내가 죽을 수도 있다는 생각은 단 한 번도 하지 못했어요. 그런데 막상 출산을 코앞에 두자 죽음에 대한 막연한 두려움과 공포가 걷잡을 수없이 몰려오더라고요.

불의의 분만사고를 왕왕 접했어요. 가깝게는 주변에서 일어나기도 하고 우리가 알지 못하는 사고도 많을 거예요. 우리나라 모성 사망자 수는 2015년 38명, 2016년 34명, 2017년 28명(출처 : 2017년 사망원인통계, 통계청)으로 감소하고 있는 추세이지만 여전히 임신·출산 과정에서 한 해에 수십 명의 여성이 사망합니다.

내가 이 현실을 피할 수 있을 거라고 완전히 장담하지 못하는 상황에서 삶을 잃고 싶지 않은 원초적 두려움은 당연한 것이겠죠. '내가 깨어나지 못하면 어쩌지?' '혹시 내 다리가 움직이지 않으면 어떡하지'… 하지만 나의 순산을 기원하고 있는 가족과 지인들에게는 차마 털어놓지 못했어요.

제왕절개 수술 앞두고 쓴 유서

이 두려움을 극복하는 방법으로 저는 유서를 쓰기로 했어요. 극단적으로 들릴 수도 있지만 말이 유서라 그렇지 지금, 그리고 앞날에 대한 두려움을 구체적으로 한 자 한 자 써 내려가며 해소하기에 좋은 형식이었어요. 이렇게라도 답답한 마음을 풀어놓으니 한결 마음이 나아졌어요.

제왕절개 수술 5일 전, 사실 지금 난 많이 무서워요. 함부로 입 밖에 내지 못한, 내가 죽을 수도 있다는 두려움 때문이에요. 어디에도 말할 수가 없어서 나만 보는 글을 쓰기 시작했어요. 아무도 이 글을 보는 일이 없길 바라며 씁니다.

나와 아이, 둘 중 나를 포기한 상황이라도 너무 슬퍼 말아요. 우리가 얘기했던 것처럼 아마도 응급 상황에서 아이가 살 확률이 조금이라도 더 높았던 것이겠죠. 한 명이라도 살리는 게 중요한 상황, 이해해요. 부디 아이는 건강하길 바랄 뿐이에요.

지금 보니 아이를 위한 적금, 남편의 재혼 허가(?), 나의 장례 절차 등 너무 솔직하고 현실적인 얘기들도 많아 오글오글 부끄럽기도 해요. 하지만 유서를 쓰다 보니 아이를 갖는 과정이 나에게 어떤 의미인지 되돌아볼 수도 있었어요. 당연한 과정이라고만 여기다 정작 놓치고 지나칠뻔한 중요한 의미들을 챙길 수 있었죠.

난 당신이 좋고, 아이도 좋아요. 우리 아이를 키우는 게 참 많이 힘들겠지만 당신도 그 길에 함께이기에 큰 고민 없이 아이를 가질 수 있었어요. (중략) 알다시피 난 잔정이 많아 친절과 사랑을 베푸는 걸 좋아하잖아요. 아이들을 좋아하는 이유 중 하나겠죠. 우리 아이에게도 대가 없는 순수한 사랑을 마음껏 주고 싶었어요.

아이가 커갈수록 현실은 더 팍팍해질 수도 있겠지만 부모라는 또 하나의 자아를 갖게 됨으로써 우리의 내면이 더욱 단단해질 수 있을 거라 기대했어요. 물론 그 과정은 고난의 연속이겠죠. 무엇을 상상해도 그 이상이라는 신세계가 열린다고 하더라고요. 하지만 난 신세계 안에서 일어날 치열한 사유와 고민 같은 것들이 기다려졌어요. 그런 것들이 날 설레게 하고 성장하게 만들거든요.

내가 없어도 아이를 많이 사랑해줘요. 엄마가 없는 아이로 불

쌍히 여기지 말고 아빠도, 할머니·할아버지도, 이모·삼촌도 있는 아이로, 사랑이 충만한 아이로 보살펴주면 좋겠습니다. 내가 살았어도 엄마만 중요한 아이로 자라지는 않았을 거예요. 다만, 내가 얼마나 사랑했는진 꼭 얘기해주세요.

둘째 출산을 앞두고도 저의 두려움은 여전했어요. 앞선 경험이 있다고 해서 사라지거나 감쇠하는 것이 아니었어요. 분만과 수술 중 불의의 상황에 따른 위험은 언제나 도사리고 있으니까요. 그래서 역시 유서를 썼습니다. 다행히 가족들은 제 유서를 읽지 않았어요. 운 좋게도 두 번의 제왕절개 분만은 큰 탈 없이 잘 끝났습니다.

참, 작은 탈(?)은 있었어요. 둘째 출산 때 갑자기 양수가 터져 응급 수술을 했거든요. 그런데 하필 양수가 터지기 직전 음식을 먹은 바람에 수술 전 금식 시간 초기화. 팔자에 없을 것 같던 진통을 8시간 동안 쌩으로 하고 수술을 했어요. 자연분만이든 제왕절개든 분만 과정에서는 예상치 못한 크고 작은 돌발 상황이 일어날 수 있음을 꼭 염두에 두세요.

'쉬운 출산'은 없습니다

최근 둘째 출산이 임박한 친구를 만났어요. 누가 봐도 아주 당찬 성격의 친구죠. 온종일 깔깔대다 대화의 막바지가 돼서야 출산에 대한 이야기가 나왔어요. 친구는 그제야 "나 사실 너무 무서워."라고 털어놓더군요. 저도 모르게 눈물이 왈칵 쏟아졌어요.

애초에 '쉬운 출산' 같은 건 없어요. 그 가능성의 정도는 다르겠지만 출산은 모든 여성들의 목숨을 담보로 합니다. 그래서 신성한 것일 테죠.

두려워하는 친구에게 "무서운 게 당연하다."며 "큰일이지만 꼭 잘 끝날 것"이라고 얘기해주었어요. 저의 출산을 대수롭지 않게 생각한 사람들도 있었지만 진심으로 절 걱정하고 응원해준 사람이 더 많았어요. 저는 그들의 마음이 제 순산을 도왔다고 생각해요.

출산에 대한 두려움에 사로잡혀있었을 땐 작은 말에 깊은 수렁에 빠지기도, 힘이 나기도 했어요. 낯설고도 두려운 인생의 새로운 기점을 앞둔 그들에게 힘 빠지는 농담이나 겁주기 식 얘기보다는 작더라도 진심이 담긴 응원을 전하는 게 어떨까요.

내 몸이 내 몸이 아냐…
출산 후 좌절하는 증상들

임신했을 때 모든 멘붕을 다 겪은 줄 알았건만(참고 : 아무도 알려주지 않은 멘붕 임신증상 4가지) 아직도 많은 시련이 남아있었습니다.

'아름다운 출산'이라 했던가요. '악' 소리 절로 나는 진통과 내진, 나와 관련 없는 이야기를 나누며 절개한 배를 봉합하는 의료진들을 참아내며 어딘가 아름다움이 남아있을 거라 기대했어요.

병실로 옮겨진 후 '이제 우아하게 누워 아름답게 회복하면 되는 것인가.'라고 안심하려던 찰나, 마취가 풀리며 서서히 느껴지는 고통 속에서 전 직감했습니다. '아름다운 출산'같은 건 없다고, 진짜 고통은 이제 시작일 거라고. 이어 하루하루 당황스러운 증상들을 겪으며 처절하게 좌절을 맞이했죠.

임신편에 이어 출산편에서도 멘붕 오는 출산 후 충격 증상 네 가지를 꼽아봤어요. '아름다운 출산'이라는 그늘에 가려 잘 알려지지 않은 현실을 들추어보아요.

1. 오로, 5일도 불편한 생리를 한 달 내내

임신했을 때 생리는 안 해서 좋다고 콧노래를 불렀던 제 자신이 참 한심하게 느껴지는 순간이었어요. 열 달 동안 안 했던 생리를 한꺼번에, 그것도 한 달 내내 한다곤 하죠. 말 그대로입니다.

'오로'는 분만 후 나타나는 질 분비물이에요. 혈액, 자궁 내벽에서 탈락된 점막과 세포, 박테리아 등으로 이뤄져 있습니다. 몸 밖으로 배출되는 형태는 생리혈과 비슷한데요. 전 출산 후 처음 일주일 동안 기저귀라고 불러도 무방할 대형 생리대가 흠뻑 젖을 정도로 쏟아지더라고요. 보통은 3-4일 정도 그렇다고 해요.

오로에 대해 들어보긴 했지만 양이 이렇게나 많은 줄은 몰랐어요. 침대가 흠뻑 젖은 적도 있어 시트를 갈며 의료진에게 몇 번이나 물었죠. 혹시 잘못된 하혈이 아닐까 걱정했지만 아니었어요. 그만큼 양이 너무 많아 당황스러울 수 있어요.

분만 후에는 거동도 힘들기 때문에 패드를 갈거나 씻기가 어려워 배우자가 도와주기도 해요. 전 첫째아이를 출산했을 때 남편이 한국에 없어서 배가 터질 듯한 고통을 참아내며 움직였고, 둘째아이 땐 결국 남편의 도움을 받았습니다. (그리고 우린 진정한 전우가 됐어요.)

3주에서 길게는 6주까지 배출된다는 오로, 전 두 번의 출산 모두 한 달

꽉 채웠습니다. 한 달에 한 번, 5일 생리하는 것도 불편한데 이걸 한 달 내내 하니 매우 부자유롭더군요. 수시로 위, 아래 패드를 갈아줘야 하는 이 귀찮음, 불편함…(feat. 수유패드) 겪어보지 않으면 정말 모릅니다.

2. 애를 낳았는데 왜 배는 그대로인 거죠?

첫째아이를 낳고 깜짝 놀랐습니다. 배가 거의 그대로였어요. 병원에서 전신 거울을 보며 '아직 뭐가 덜 나왔나?'라는 생각을 하기도 했어요. 진심으로. 아이가 나오면 둥글게 불렀던 배도 쏙 들어갈 줄 알았거든요. 아마 많은 임신부들이 그렇게 기대하고 있을 거예요.

그런데 더 충격적인 것은 불룩했던 배가 점점 가라앉으면서 임신으로 늘어났던 뱃살이 처지기 시작한다는 겁니다. 그리고 전 아직도 늘어난 뱃살을 보유 중이에요. 둘째아이도 벌써 9개월인데….

임신했거나 살이 쪘을 때처럼 배가 불룩하게 나온 게 아니라 물렁물렁한 뱃살 두 줌 정도가 처져 있어요. 전 두 번이나 배가 빵빵하게 불렀었기 때문에 아무래도 더 심한 것 같아요. 첫째아이를 낳았을 때 이 정도는 아니었거든요. 이것이 바로 현실 애엄마 몸.

미디어 속 엄마들은 어쩜 그리 다들 평평한 배에 식스팩도 갖고 있는지 금방이라도 그렇게 되는 줄 알았어요. 저도 나름 배는 많이 나오지 않는 체형이었고 운동도 꾸준히 했기에 금방 회복할 수 있을 거라고 믿었어요. 그러나 이것 역시 손에 닿지 않는 환상이었죠. 아무리 운동을 해도 한 번 늘어난 뱃살은 탄력을 회복하기 어려웠어요. 그리고 무엇보다 탄력이나 복근을 만들기 위해 충분히 운동할 시간이 없고요.

둘째를 낳은 지 9개월이 지났지만 여전히 처진 뱃살이 평생 자연적으로 사라질 것 같진 않아요. 이렇게 말하는 지금 이 순간도 새삼 충격적입니다.

참, 배의 튼살과 아직도 사라지지 않은 임신선은 애교.

3. 가슴을 쥐어뜯는 고통, 젖앓이

임신과 출산을 겪으며 난생처음으로 많은 고통을 경험했는데 그 중 젖앓이는 가장 생소했기에 더 당황스럽고, 더 멘붕이었던 증상 같아요. 생애 처음 느껴보는 고통이었죠.

신기한 몸이죠. 아이를 낳고 나니 바로 젖이 불어왔어요. 아직 유선이 원활하게 뚫리지 않아 젖이 잘 나오지도 않는데 계속 차오르기만 하니 가슴은 점점 커져가는 돌이 되어가는 것 같았어요. 풍선이 아니라 '돌'이기 때문에 조금만 스쳐도, 조금만 눌려도 '헙' 숨 막히는 고통이…. 이 고통은 말로 다 표현이 안 됩니다. 젖을 빼야 나아진다지만 병원에서 아무리 모유 수유를 하고 유축을 해도 소용이 없었어요.

수백만 원 드는 조리원. 솔직히 긍정적으로만 생각하지 않지만 갓 해산한 엄마의 회복과 모유 수유 단 두 가지 이유로 추천하곤 합니다. 여기서 모유 수유는 수유를 잘 하는 방법을 배울 수 있다는 것보단 돌덩이가 된

처치 곤란 젖가슴의 관리를 받을 수 있다는 맥락에서 추천해요.

병원에서 퇴원한 후 본격적으로 모유 수유가 시작되는데요. 요즘 조리원은 모유 수유를 권장한다며 산모 유방관리 마사지 전문가를 꼭 두더라고요. 이분의 손길이 제 가슴에 닿았을 때 전 눈앞이 하얘지고 비명이 절로 나오는 고통과 더불어 제 젖이 허공으로 마구 쏘아지는 속 시원한 신세계를 만났어요.

결과적으로 전 모유량이 적어 모유 수유를 하지 않았고 다행히 더 이상의 고통은 없었어요. 하지만 모유 수유를 하는 분들은 넘치는 모유량 등으로 인해 계속해서 탈이 나기도 하더라고요.

유선염, 젖몸살까지 앓는 분들에 비하면 전 그리 심한 편은 아니었지만 그래도 정말 고통스러웠어요. 꼭 조리원이 아니더라도 젖앓이는 초기부터 의료진이나 마사지 전문가를 찾는 편이 좋습니다.

덧붙여, 이런 고통을 해소하기 위한 대표적인 마사지를 통곡 마사지라고 해요. 전 정말 통곡을 하면서 마사지를 받기 때문인 줄 알았는데요. 알고 보니 이 마사지를 만든 일본인의 이름 오케타니(桶谷)의 한국어 발음이 통곡이라고 해서 그렇다네요. 이런 우연이!

4. 손길만 스쳐도 후두둑… 탈모

아직도 고통받고 있는 증상입니다. 사실 첫째아이 때는 이 고통을 전혀 몰랐습니다. 그래서 둘째아이를 낳고 건방지게 백일 만에 펌을 했죠. 그리고 지금, 사무치게 후회하고 있습니다.

당시 펌을 해주시던 미용사님이 족히 열 번은 물었을 겁니다. '정말 펌 해도 되겠냐고, 머리 더 많이 빠질 텐데 진짜 할 거냐고, 애 낳은 지 얼마 안 됐는데 그냥 커트만 하지 그러냐.'라고. 되돌릴 기회를 참 많이도 주셨는데 전 자신 있었어요.

그리고 한 달 정도 지나 머리카락이 빠지기 시작했습니다. 저는 출산 전에도 머리카락이 잘 빠지긴 했지만 이건 차원이 달랐어요. 머리를 감을 때나 아침에 일어났을 때 숭덩숭덩 빠지는 건 물론이고 손이 조금만 스쳐도 후드득 떨어지는 머리카락에 뭔가 잘못돼가고 있음을 느꼈죠.

둘째아이가 9개월이 된 지금도 가는 자리마다 낙엽처럼 머리카락을 떨어뜨리고 다닙니다. 얼마 전엔 거울을 보는데 머리 볼륨이 푹 꺼져있더라고요. 어머님들이 왜 그렇게 볼륨 드라이를 찾으시는지 알게 됐어요.

결국 제 생애 처음으로 탈모 방지 저자극 천연 샴푸를 구입해 두피 관리를 시작했고, 끼마다 서리태를 한 움큼씩 집어먹고 있어요. 머리 묶다 끈이 끊어질 정도로 머리숱이라면 뒤지지 않는 저였는데, 애 낳고 이런 쓸쓸한 현실을 맞이하네요. 이번 겨울엔 털모자가 필수겠어요. 하….

저와 같이 출산 탈모를 겪었던 분들의 경험담을 들어보면 결론은 '다시 난다'였습니다. 임신·출산 과정에서의 호르몬 변화가 원인이기 때문에 회복이 가능하다는 것이었죠. 미세먼지 가득한 하늘이 파랗게 걷히는 듯한 희망적인 말. 그날이 어서 오길 기다리고, 기다려봅니다.

이 외에 관절통, 요실금, 치질 등과 같은 증상을 겪을 수도 있어요. 정도는 다르겠지만 산후우울증 같은 심리적인 어려움을 경험할 수도 있고요.

당황스럽겠지만 의외로 출산 후 많이 겪는 증상들이니 너무 놀라지 말고 꼭 전문가를 찾길 바랍니다.

아이도 중요하지만 엄마의 몸과 마음도 정말 중요해요. '산후조리 잘못하면 평생을 간다.'는 어른들 말이 완전히 틀린 것은 아니더라고요. 한여름에 솜이불로 꽁꽁 싸매고 있을 필요는 없지만 길고 긴 육아 마라톤을 뛰기 위해 내 몸과 마음을 정성껏 돌보는 시간을 갖는 것도 매우 중요하답니다.

엄마의 책

이주영

『엄마 되기의 민낯』

신나리 | 연필

남편은 아들이 아닙니다

광화문의 한 치킨집. 일로 연을 맺은 몇몇이 모여 연말 송년회를 열었다. 내 테이블에는 아내이자 엄마인 여성 2명(나 포함), 아내이지만 엄마는 아닌 여성 2명이 앉았다. 자연스레 결혼, 임신, 출산, 육아를 주제로 대화가 이어졌다.

아직 출산을 겪지 않은 한 여성이 잠시 망설이다 입을 열었다. 슬슬 2세를 계획하려는데, 아이를 낳는 게 너무 두렵다는 고민이었다. 두려움의 근원은 두 가지였다. 출산휴가나 육아휴직을 쓸 수 없는 프리랜서여서 아이 낳고 돌아오면 일할 곳이 없을까봐. 그러다가 홀로 집에서 독박육아를 하게 될까봐.

이미 출산을 겪은 한 여성은 마시려던 맥주잔을 내려놓으며 단호히 답했다.

"엄마의 삶만 흔들리는 거, 거기에서 모든 괴로움이 시작되는 거예요.

아빠의 삶도 휘청휘청해야 해요. 그래야 불안할지언정 함께 오래갈 수 있어요. 혼자 고민하지 말고 남편에게 '당신은 뭘 할 건지' 물어보세요."

경험에서 진하게 우러나온 현실 조언이었다. 엄마는 아이를 위해 삶의 궤도를 틀 준비를 하는데 아빠만 꼼짝 안 한다면? 두 사람의 간극은 출산을 계기로 한없이 벌어지게 되고, 부부의 불행은 거기서 시작된다는 것.

돌직구 조언을 날린 그는 『엄마 되기의 민낯』의 저자인 신나리 씨. 이 책은 자식을 명문대에 보내거나, 노력으로 대기업 CEO 성공신화를 이룬 주인공의 자서전이 아니다. 소속도 정체성도 없이 살림하고 아이를 돌보며 살아가는 한 사람의 기록물이다. 그림 하나 없이 글로만 363쪽이 가득 차 있지만, 읽다 보면 내가 활자를 눈으로 훑고 있다는 감각을 잊은 채 그의 현실세계로 빠져들고, 천당과 지옥을 오가는 그의 내면에 함께 요동치게 된다.

특히 육아의 책임을 남편과 동등하게 지기 위해 분투한 역사가 압권이다. 부모가 될까 고민하는 사람, 부모가 될 사람, 막 부모가 된 사람 모두 읽어보면 좋을 교과서 같은 책. 그 정도로 생생하고 정확하고 적나라하다. 『엄마 되기의 민낯』 감상 포인트 셋.

1. 아빠는 아들이 아니다

온라인 커뮤니티에 올라오는 엄마들의 각종 사연을 읽다가 남편을 '아들'이라고 부르는 걸 본 적이 있다. 집에 오면 대자로 뻗을 줄만 알지 애 재울 줄은 모르는 남편. 그런 순간마다 싸우기 지쳐 아들 하나 더 키운다고 생각한다는 것이다.

『엄마 되기의 민낯』 저자도 출산 후 독박육아에 고립됐지만 남편을 아들이라며 포기하지 않았다. 남편에게 진정한 아빠가 될 기회를 주기 위해 끝까지 묻고 싸웠다. 그는 한 사람이 희생하는 평화보다 다 같이 나아가는 불화가 가족을 더욱 단단히 묶어줄 거라고 믿었다. 남편이 서툴러도 계속 육아를 맡기고, 책임을 나누고, 함께 가정을 돌봤다. '그 없이 못 살아서'가 아니다. 그가 우리가 만들어 놓은 아이에게 '아빠'가 되어주기를, 우리가 이룬 가족이 가족답게 살기를 바라는 진심 때문이다.

> *누군가는 나에게 왜 그리 남편을 못살게 구느냐고 말한다. 아이와 보내야 하는 시간이, 성인으로서 자기 돌봄이 왜 '못살게 하는' 요구로 둔갑하는 걸까. 이는 육아라는 위대한 경험에 대한 모욕이며 남편을 성숙한 성인이 아니라 아이로 취급하며 무시하는 처사 아닌가. 나는 일생에 두 번 다시 겪을 수 없는 어린 자식과의 소중한 시간을 남편에게도 주고 싶다. 또한 남편을 성인으로서 존중하고 싶다.*

나 역시 아이를 낳고, 남편에게 서운한 감정이 울컥 밀려오곤 했다. 다른 살림은 누가 시키지 않아도 알아서 잘하는데, 육아만큼은 딱 내가 알려준 것만 성실히 해냈다. 주변에서는 뭐라도 '도와주는 게' 어디냐며 남편을 극찬했다.

한동안은 '좋은 남편'이라며 감사하려 노력했지만, 시간이 지날수록 문제의식이 뚜렷해졌다. 어린이집 도시락통은 닦지만 어린이집 견학일정은 확인하지 않고, 밤에 잠을 줄여가며 음식을 만들지만 아이를 위한 반찬은 무얼 만들어둘지 계획하지 않는 기이한 현상. 나는 아이의 생애주기에 맞춰서 해줘야 할 걸 놓칠까봐 늘 조사하고 공부하지만, 남편은 내가 그걸 알려주기만을 기다리는 상황.

고민과 사유, 지루한 토론 끝에 무엇이 우리를 갈라놓았는지 깨달았다. 궁극적으로 육아는 남편의 입장에서 '해주는' 일이라는 것. 그와 나의 차이였다. 아내와 같이 해야 하는 일이지만, 결정적 책임은 지지 않아도 되는 게 남편의 육아였다. 그리고 어느 누구도 남편에게 책임을 묻지 않았다. 하다못해 추운 날씨에 아이가 장갑을 끼지 않고 나가면 '애 감기 걸리겠네.'라는 말을 듣는 건 남편이 아닌 내 몫이다. 책임이 없으니 나보다 육아에 대한 장악력이 떨어지는 게 아니었을까.

그걸 알게 된 후로 나는 남편이 육아에 책임을 늘려갈 수 있도록 가정 개혁(?)에 나섰다. 남편에게 2019년도 유치원 입학 추첨의 전권을 위임한 것. 정보력과 실행력에서 다른 부모들(정확히는 다수의 엄마들)보다 뒤처지지 않을까 걱정했지만 눈을 질끈 감고 맡겼다. 이럴 수가. 남편이 나보다 더 부지런히 조사하고 꼼꼼히 자료를 챙겨 지원한 덕에, 생각지도 못한 좋은 곳에 무사 합격했다.

남편이 육아에 대해 책임질 기회를 그동안 내가 노파심에 주지 않았던 건 아닌지 돌이켜보게 됐다. 나 또한 남편만 믿고 무지했던 가사 영역을 숙련해가는 중이다. 그렇게 각자의 책임을 늘려가고 있다. 분담하며 외면

하는 게 아니라 나누되 책임을 함께 지는 법을 익혀가는 중이다.

2. 아빠에게도 수습 기간이 필요하다

처음부터 아이를 잘 키우는 엄마는 없다(고 믿는다). 기저귀를 잘못 입혀 이불에 대참사가 일어나기도 하고, 분유 물 온도를 잘못 맞춰 아이가 먹다가 경기를 일으키기도 하면서 배워나간다. 매일 먹이고, 입히고, 치우고, 재우는 일을 반복하기에 차츰 손에 익어가는 것일 뿐, 유전자 어딘가에 숨어 있던 육아 능력이 아이를 낳으면서 소환되는 게 결코 아니다.

엄마의 육아가 숙련노동이라면, 아빠의 육아도 마찬가지다. 계속해야 실력이 는다. 반복이 곧 답인데, 그러려면 아이와 집에서 부대끼기 위한 시간과 체력을 투입해야 한다. 할 줄 아는 게 없다고 맡기지 않으면, 계속 남편은 육아를 하지 못하는 사람에 머무르게 된다.

저자는 투쟁 끝에 남편의 육아휴직을 쟁취했지만, 며칠간은 남편이 못미더워 집 밖으로 나서지 못했다고 한다. 그는 마음을 굳게 먹고 계속 맡겼다. '깨끗하고 산뜻하던 집이 망가져 갔지만' 후퇴하지 않았다. 두 달 뒤, 남편은 딸아이의 머리를 묶고 국 몇 가지를 끓일 수 있는 사람이 됐다. 무엇보다 아이를 대하는 태도가 달라졌다. 그 전에는 예뻐하기만 하고 화한 번 안 냈는데, 육아를 적극 하면서 "말을 안 듣네."라는 푸념도 하고 아이에게 목소리 높이기도 했다. 그러면서 저자의 남편은 아이를 향한 감정이 애틋해졌다고 고백했다.

함께하는 시간이 길어질수록 시간은 서로의 속에 침투해 돌이킬 수 없는 변화를 일으켰다. (중략) 두 달 사이, 남편이 아이에게 느끼던 사랑, 그 사랑의 성질이 달라졌다. 아이를 낳았다고 자동으로 모성애가 생기는 게 아니듯, 아빠에게도 부성애가 절로 생기는 게 아니었다.

내가 엄마가 되어 가듯이 남편도 아빠가 되어갈 수 있다. 아빠에게도 부성애를 키우고 연습할 시간이 필요하다.

3. 아빠도 흔들려야 한다

2세를 맞이하기로 결정한 시기, 남편은 어떻게 하면 일을 늘려 돈을 더 많이 벌까 고민했고, 나는 어떻게 하면 일을 더 줄이고 애를 볼까 알아봤다. 남편은 커리어를 더 키워가는 방향으로, 나는 축소하는 방향으로 나아가려 했다.

애 낳고 육아 지옥을 두 눈으로 똑똑히 본 우리는 방향을 틀었다. 함께 흔들리기로 했다. 내가 육아휴직을 1년 쓰는 동안 남편은 저녁 회식에 대부분 불참했다. 내가 저녁이라도 편히 먹을 수 있도록 하기 위해서였다. 그리고 내 복직과 맞물려 남편은 4개월 육아휴직에 들어갔다.

애가 세 돌이 지난 지금도 남편은 퇴근 후 곧장 집으로 온다. 업무를 못 끝내면 일감을 집으로 가져와 애가 잠든 후 마무리한다. 저녁 약속이나

술자리는 잘 잡지 않는다. 그런 남편 때문에 주변으로부터 "가장(?) 앞길 막을 일 있냐?"는 협박과 "제발 한번만 외출을 허락해 달라."는 간청까지 받곤 했지만, 이 자리에서 고백하건대 내가 시킨 게 아니다. 한 사람이 자리를 비우면 누군가는 홀로 육아의 짐을 짊어져야 한다는 걸, 남편 스스로 너무도 잘 알기 때문이다.

특히 남편은 직접 육아휴직을 하는 동안 그 잔인한 구조를 온몸으로 깨달았고, 애가 좀 클 때까지는 같이 고생하자고 마음먹었다고 한다. 2개월간 육아휴직 한 저자의 배우자도 비슷한 경험을 했나 보다.

> *육아휴직이 끝난 후에도 남편을 일찍 집으로 오게 하는 건 나의 요구가 아니었다. 눈에 밟히는 아이, 엄마로는 대체 불가능한 아빠라는 존재에 대한 스스로의 인식이었다. 아이와의 관계가 깊어질수록 남편은 아이와 충분한 시간을 보내주지 못한다는 죄책감과 줄어가는 근무시간만큼 후퇴해 가는 자신의 커리어 사이에서 갈등했다. 육아는 '남편의 문제'가 되었다.*

한 사람이 KTX처럼 빠르게 직진할 수 있도록 밀어주는 것도 방법이겠지만, 우리 부부는 비둘기호처럼 나아가기로 했다. 느리지만 함께 달리려 한다. 속도가 더디고 빙 돌아가야 할 테지만, 적어도 누군가 멈추거나 방향을 틀지 않아도 되니까. 끝까지 함께 갈 수 있으니까.

이런 사람들에게 추천

☞ 마음의 준비는 안 됐는데 2세 계획이 있다면

☞ 출산 후 배우자와의 불화로 힘들다면

☞ 육아는 엄마의 일이라는 통념에 지쳤다면

2. 산후조리원이 진짜 천국이 되려면

모유 안 나오는 엄마에게 조리원이란

산후조리원 하면 뭐가 떠오르나요? 침대에 나란히 누워 서로의 눈을 바라보는 아빠와 아기? 엄마 품에 안겨 미소 띤 얼굴로 젖을 빠는 아기? 우아하게 차 마시며 몸을 추스르는 산모?

임신했을 때 산후조리원을 예약하면서 상상했습니다. 북유럽 인테리어로 꾸며진 이곳에서 멀지 않은 미래에 전문가의 관리를 받으며 편하게 쉴 아기와 제 모습을요. 산후조리원이라는 이름처럼 출산으로 상한 내 몸을 보살필 줄 알았죠.

아이를 낳고 산부인과에서 퇴원하자마자 산후조리원으로 갔습니다. 예약해둔 방에 들어가니 침대 위에 반듯하게 접힌 분홍색 산모복이 있더군요. 라운드넥에 단추로 여미는 원피스였어요. 언제 일일이 단추를 달았을까. 저는 산모복 하나에도 미적 감각을 추구했구나 싶어 감동할 뻔했는데, 그게 아니더군요. 언제든지 가슴을 열고 아이에게 젖을 물리라고 그렇게 만든 거였어요.

웰컴, 모유양성소

제가 지낸 산후조리원의 하루는 대충 다음과 같이 흘러갔습니다.

기상-모유수유-아침(미역국)-유축-간식-모유수유-점심(미역국)-모자동실(아기돌보기)-유축-간식-모유수유-저녁(미역국)-모자동실(아기돌보기)-유축-취침-밤중 모유수유-취침-밤중 유축-취침-기상

저는 분명 몸조리하러 들어왔는데, 실제로 겪은 2주는 모유수유 성공을 위한 극기훈련 같았다고 해야 할까요. 그곳에서 저는 생각하는 인간이 아니고 단지 젖을 생산하기 위해 사육되는 영장류 동물인 것만 같았죠.

대다수의 일정과 프로그램은 젖 물리기에 방점이 찍혀 있었습니다. 모유수유 성공 비법, 모유수유 효능 교육, 모유수유를 위한 마사지…. 한 연구에 따르면 산모 10명 중 9명은 산후조리원에서 모유수유를 권장 받는다네요. 저도 그중 하나였지요.

엄마들은 고민할 겨를 없이 모유수유를 선택합니다. 의학적으로나 과학적으로나 제일 좋다고 하니까요. 모유에는 아기에게 필요한 영양분이 거의 다 들어 있어서 성장과 두뇌발달에 좋고, 면역을 증가시키는 물질이 많아서 병에 적게 걸린다고 합니다. 특히 엄마 품에 안고 모유를 먹이면

정신적으로 안정감을 줘서 애착이 더 잘 생기고 심리적으로도 안정된 아이로 자랄 수 있다 하니, 모유수유를 자발적으로 안 한다고 하면 이상한 엄마가 되기 십상이죠.

슬프게도 전 모유가 거의 나오지 않았습니다. '모유양성소'의 기준으로는 문제적 학생이었죠. 처음 입소한 날이었을 거예요. 병원으로 치면 수간호사급의 관리자가 방으로 들어오더니 저를 매서운 눈으로 훑어봤어요. 학교 수련회 첫날에 조교가 방으로 찾아와 "지금부터 옷 갈아입고 운동장으로 튀어나온다, 실시!"라고 엄포를 놓는 듯한 분위기였지요.

아니나 다를까. 탐색(?)을 끝낸 관리자는 단호한 목소리로 딱 한마디만 하고 사라졌습니다.

"많이 물릴수록 젖이 늘어요. 저희가 콜 드리면 빠짐없이 수유하세요. 그리고 틈날 때마다 유축도 계속하셔야 해요."

내가 젖인가, 젖이 나인가

그때부터 정말 젖소처럼 살았습니다. 한밤중이든 새벽이든 상관없이 두 시간에 한 번씩 방으로 전화가 왔어요.

"산모님~ 아기가 배고프대요^^"

제가 자리에 있다는 게 확인되면 간호조무사 선생님이 직접 아기를 안고 제 방으로 오셨어요.

아기는 배가 고팠는지 제가 젖을 물려주자마자 허겁지겁 빨았지만, 콸

콸 나오지 않으니 이내 지쳐 잠들어버리곤 했죠. 일부러 깨워 먹여보기도 했지만 같은 상황만 반복됐어요. 가여운 것. 저는 가슴을 여민 뒤 아기를 안고 신생아실로 가서 패배감에 젖은 목소리로 부탁했어요.

"얼마 못 먹었어요. 분유 먹여주세요."

아기가 자주 물어야 모유량이 늘어난다는데 우리 아이는 자꾸 잠들어 버리니 이 방법만으로는 부족했습니다. 유축기로 틈날 때마다 젖을 쥐어 짰어요. 이렇게 하면 모유량이 늘어날 줄 알았거든요. 많게는 하루에 30번까지도 유축했던 기억입니다.

이게 말처럼 쉬운 일이 아니에요. 컵에 물을 따르듯이 유축기에 젖을 흘려보내기 위해 십여 분 넘게 등을 앞으로 구부린 채로 있어야 해요. 게다가 저는 가슴이 작아서 더 숙여야 했어요. 보름 동안 굽은 등으로 살았습니다. 직립보행 인간으로 살다가 엄마가 되면서 하루아침에 오스트랄로피테쿠스로 퇴화한 기분이랄까요.

젖을 짜낼 때의 고통도 참기 힘들었어요. 한번 유축할 때마다 양쪽 각각 10~15분씩 짜야 했거든요. 30분간 진공청소기로 가슴을 2초 간격마다 빨아들인다 상상해 보세요. 가슴이 멀쩡하겠습니까?

유두가 까지다 못해 갈라졌지만 멈출 수 없었어요. 연고를 바르며 부상투혼을 펼쳤습니다. 사실 전 모유가 안 나오는 사람이라는 걸 진작 알아차렸어요. 아무리 물리고 짜 봐도 늘지 않았으니까요.

그래도 딱 30일만 버티자는 심정이었어요. 초유를 한 방울이라도 더 먹이고 싶었거든요. 출산 후 30일까지 나오는 초유에 가장 좋은 면역 성분이 들어 있다고 조리원에서 몇 번이고 강조했어요. 전 가뭄 난 가슴으로

50일까지 버티다가 조용히 백기를 내걸고 투항했습니다.

지금 생각해보면 그때의 제가 너무 불쌍해요. 어차피 젖이 나오지도 않는데 왜 그렇게 모유수유에 매달렸을까요. 당분간 낮에 편히 쉬고 밤에 푹 잘 수 있는 마지막 기회였는데.

산후조리원 퇴소 후 집에서 아이와 하룻밤을 보낸 다음날 아침을 잊지 못합니다. 아기가 밤중에 한 시간 간격으로 깨서 우는 통에 제대로 잠을 못 잤어요. 남편과 저는 마치 세상이 끝난 듯한 표정으로 뜨는 해를 바라보며 그제야 깨달았어요. 아, 이래서 산후조리원을 천국이라고 하는구나. 천국인 줄도 모르고 제대로 누리지 못했구나.

천국은 거기 있었다

선배 엄마들은 애 낳으러 가는 저한테 분명 말했습니다.

"조리원이 천국이야."

그곳에 있을 때는 그 말이 무슨 뜻인지 몰랐어요. 새벽에 잠도 못 자고 젖 먹이라고 하는데 웬 천국?

그런 의미가 아니었어요. 산후조리원은 나 하기에 따라 천국이 될 수도, 지옥이 될 수도 있는 곳이에요. 밤에 수유콜을 받지 않으면 조금이나마 더 잘 수 있고, 낮에 '직수'(유축이 아닌 직접 먹이는 방식) 횟수를 조금 줄이면 당분간 집에 가면 없을 자유시간도 누릴 수 있어요. 정말 나 하기에 달렸던 거예요.

그때는 몰랐어요. 엄마노릇을 제대로 할 줄 알아야 한다는 부담이 컸으니까요. 산후조리원은 엄마 쉬라고 들어가는 곳인데, 정작 그곳에서 저를 돌볼 여유는 없었죠. 그럴 분위기도 아니었고요. 『엄마의 탄생』이라는 책에서는 다음과 같이 지적합니다.

산후조리사들이 모유수유를 지도하는 과정에서 여성들은 자녀의 필요를 위해 희생하고 헌신해야 한다는 첫 번째 압력을 받게 된다. 해산을 치르며 몸도 마음도 모두 지쳐버린 여성 자신은 첫 번째 배려 대상이 되지 못한다. (중략) 여성은 '엄마'이기 때문에 자신의 욕구를 포기하고 자녀를 위해 최적화된 상태로 몸과 마음을 조절해야 한다.

– 『엄마의 탄생』 (안미선, 김보성, 김향수 | 오월의봄)

만약 이 글을 읽는 당신이 저처럼 젖이 안 나오는 경우라면, 너무 무리하지 않아도 된다고 말하고 싶어요. 어쨌든 산후조리원에서는 엄마가 쉬어야 합니다. 아이도 중요하지만 엄마도 살아야 해요. 집으로 돌아가면 한동안 극한 수준의 육아를 해야 할 테고, 그러려면 체력을 비축해둬야 합니다. 좋은 엄마가 되기 전에 일단 엄마의 몸이 좋아져야 해요. 모성은 곧 체력이니까요.

산후조리원 '인싸' 대실패기

조리원 가던 날. 정말 처참한 모습이었어요. 아이를 낳은 후 병원에서 두 번이나 쓰러졌어요. 임신 후반부터 철분이 부족하다는 진단을 받았는데 아이 낳고 빈혈 증세가 더 심해진 거예요. 계속 어지럽고 온몸에 기운이 없었어요. 금방이라도 또 쓰러질 것 같았죠.

10시간 넘게 진통하면서 힘을 너무 많이 줘서 그럴까요. 온몸이 산산조각 찢어졌다 재조립되는 느낌이었어요. 게다가 4.14kg 아이를 자연분만 하면서 회음부를 많이 절개했는데 그 고통은 정말…(여기에 치질까지ㅠㅠ) 앉아있는 것 자체가 괴로웠고, 도넛 방석 없이는 앉아 있을 수가 없었어요.

조리원 상담하러 갔을 때 원장님은 말했어요. 수단 방법 가리지 않고 모유수유 할 수 있도록 도와주겠다고. 그런데 출산 후 제 상태를 본 조리원 관계자는 걱정스럽게 말하더군요.

"당분간 수유콜 받지 말고 푹 쉬어요. 엄마가 몸을 먼저 추슬러야지. 이러다 큰일 나."

수유콜 안 받으면 푹 잘 수 있을 줄 알았는데 웬걸. 그 와중에 젖은 계속 돌았어요. 제때 수유나 유축하지 않으면 가슴이 돌덩이처럼 딱딱해지면서 아팠어요. 젖이 줄줄 흘러 조리원 원피스가 다 젖을 정도였죠. 밤에도 3시간마다 한 번씩 깨서 유축을 했어요. 그것도 앉아서는 못하고 서서. 낮에는 아이를 침대에 데리고 와서 누운 채로 젖을 먹였어요.

찢어진 회음부도, 이제 막 젖을 물리기 시작해 피 나고 딱지 앉은 가슴도. 불이 나는 것처럼 아팠어요. 부서질 것 같은 몸으로 하루 세 번 좌욕하고, 젖꼭지에 비판텐을 발랐어요. 조리원에서 보내는 2주 동안 몸을 잘 회복해야 집에 돌아가 혼자 아이를 돌볼 수 있으니까요.

나도 만들 수 있을까, 조동

조리원 선택할 때 고민은 한 가지였어요. 바로 밥. 방에서 혼자 밥 먹을 수 있는 곳을 선택할 것이냐, 식당에서 다른 산모들과 함께 밥 먹는 곳을 선택할 것이냐. 내향적이고 사람 많은 걸 별로 안 좋아하는 성격이라 평소 같았으면 당연히 전자를 택했을 거예요.

이번만큼은 달랐어요. 조리원 가기 전 제게는 큰 포부가 있었어요. 조리원 동기, 줄여서 '조동'을 만드는 거였어요.

저는 친정이 멀리 있어서 아이가 태어나면 꼼짝없이 혼자 아이를 돌봐야 했어요. 그때 동지가 될 사람이 있었으면 했어요. 아이 함께 키우는 동네 친구에 대한 로망도 있었고요. 집 근처에 밥이 맛있다는 조리원을 예약했어요.

조리원 동기가 군대 동기보다 더 끈끈하다고 하잖아요. 퉁퉁 부은 민낯으로 수유실에서 가슴 풀어놓고(?) 함께 젖먹이며 쌓는 전우애! 그런데 저는 2주 중 1주는 아예 수유실을 가지 못했어요. 여기서 1차 실패.

대신 식당을 공략했어요. 핏기 하나 없는 얼굴로 도넛 방석 위에 앉아서 사교 활동을 했답니다. 자연분만 했는지, 제왕절개 했는지, 진통은 얼마나 했는지, 젖은 얼마나 나왔는지, 살은 얼마나 빠졌는지, 조리원 나가면 애는 누가 봐줄 건지… 대략 이런 이야기들이 매일 식탁에서 오고갔어요. 어머어머, 열심히 맞장구치며 '인싸'가 되려고 노력했죠.

지금 생각하면 조리원에서 뭘 그리 열심히 했나 몰라요. 모유수유, 마사지, 다이어트, 거기에 친구 만들기까지. 푹 쉬면서 몸만 회복해도 모자랐을 시간인데 말이에요.

새벽 6시의 까똑

그렇게 애쓴 끝에 조리원에서 나올 때쯤 전화번호를 교환하는 '조동'이 생겼어요. 야호! 단톡방이 만들어졌고 하루에도 수백 개의 메시지가 쏟아졌어요.

"예방접종 하셨어요? 몸무게 몇kg이에요? 분유 몇ml 먹어요? 수유텀은 어떻게 돼요? 변은 언제 한 번씩 봐요? 낮잠 재울 때 어떻게 해요? 목욕 어떻게 시켜요?"

같은 초보적인 궁금증부터,

"어제 애가 몇 번이나 깼어요. 죽을 것 같아요. 저도 저도. 갑자기 등센서가 심해져서 계속 안고 잤어요. 죽을 것 같아요. 저도 저도."

같은 신세한탄까지. 집에 아이와 홀로 있어도 늘 스마트폰은 분주했어요. 외롭지 않았죠. 이래서 조동이 필요하구나 싶었어요. 하지만 점점 시간이 지나면서 서로의 처지를 비교하게 되더라고요.

"○○이는 분유를 ○ml나 먹어요? 저희 애는 너무 안 먹어요."

"○○이는 몸무게가 ○kg이나 나가요? 저희 애는 왜 몸무게가 안 늘까요."

"○○이는 왜 이렇게 잠을 안 잘까요. 통잠 자는 ○○이가 부러워요."

"우와, 남편이 애 씻기고 재워줘요? 좋겠다."

"친정엄마가 애 봐줘요? 부럽네요. 전 독박육아."

저희 아이는 먹는 것과 몸무게는 뒤지지 않았지만 잠, 잠, 잠이 문제였어요. 조리원에서 나온 후 백일 정도까지 통잠 자던 애가 딱 백일을 기점으로 밤새 계속 깼어요. 백일의 기적은 개뿔. 이가 나거나 감기 걸렸을 때는 (체감상) 5분, 10분에 한 번씩 깼어요. 정말 미쳐버릴 것 같았죠.

자다 깨다 밤을 꼴딱 새운 어느 날. 새벽 6시쯤이었나. 조동 단톡창이 울렸어요. 이렇게 이른 시간에 무슨 일이지 했는데….

"저희 아이 지금까지 통잠 잤어요!"

정말 스마트폰을 집어 던지고 싶더라고요. 아마 그 엄마는 아이가 통잠 잔 것에 감격하며 메시지를 보냈을 거예요. 신생아 키울 때는 잠자는 문제가 거의 전부니까.

그냥 "축하해요." 한마디 했으면 됐을 텐데…. 잠을 못 자 예민해진 상황에서 그런 메시지를 보니 마음이 뾰족해지더라고요. '읽씹'하고 조용히 스마트폰을 뒤집어 엎어놨어요.

나는 사라지고 아이만 있는 관계

이후에도 단톡창은 계속 울렸고 몇 번의 오프라인 만남이 있었어요. 그런데 조동들과 이야기를 하면 할수록 이상하게 우울해지더라고요. 아이 키울 때 가장 중요한 원칙이 '비교하지 말자.'인 것 같아요. 둘째 키우는 것처럼 첫째 키우면 편하다고 하잖아요. 하나하나에 예민하게 반응하지 말라고. 지나고 나면 아무것도 아니라고. 그게 참 쉽지 않지만요.

조동 단톡창에서 이야기를 하고 있으면 아이가 곧 나인 것처럼 느껴졌어요. 우리 애가 조금만 못 먹고 못 자고 발달이 느려도 내 자신에 대한 평가 같고, 다른 애랑 비교하게 되고, 조급해지더라고요. '쟤는 저렇게 앉아서 밥 잘 먹는데, 쟤는 저렇게 잠 잘 자는데, 쟤는 저렇게 얌전한데, 내가 뭘 잘못한 건 아닐까?' 하면서 제 자신과 아이를 계속 괴롭혔어요.

지나고 나니 왜 그렇게 집착했나 싶어요. 결국 아이는 먹을 만큼 먹고 잘 만큼 자는 어른이 될 거잖아요. 우리가 그래왔던 것처럼요.

아이마다 기질도, 발달도 천차만별이에요. 하지만 신생아 시절에는 온

신경이 아이에게 집중돼있으니 마음의 여유가 없어져요. 내 아이가 조금만 달라도 문제가 있는 것 아닌가 싶죠.

특히, 아이에 대한 모든 책임을 엄마에게 묻는 사회에서는 아이가 어떻게 크고 있는지가 곧 엄마의 성적표가 돼요. 그런 상황에서 계속 아이 이야기만 하니 더 민감해질 수밖에요.

조동 모임에서는 매일 아이에 대해 수백 개의 카톡이 오갔지만 정작 서로에 대해서는 잘 몰랐어요. 관심사가 뭔지, 취향은 어떤지…. 누구누구의 엄마라는 이름만 있을 뿐, 나 자신이 없었죠. 그걸 알지 못하는 상태에서 친구가 될 수는 없었어요.

다행히 그 즈음 지인들이 비슷한 시기에 아이를 낳았어요. 그런 모임에서는 아이가 아니라 내가 먼저였어요. 아이를 낳기 전부터 형성된 관계니까요. 개월수가 각기 달라서 비교할 일도 없었어요. '우리 애도 좀 더 크면 저렇게 되겠구나.' 하고 기대와 걱정(?)을 하게 됐을 뿐이죠.

이후 놀이터, 문화센터, 어린이집에서도 저는 '인싸'되기에 실패했어요. 워낙 사교적이지 못한 성격이기도 하고, 제 자신보다 아이가 먼저인 만남이 잘 적응이 안 되더라고요. "몇 개월이에요?" 하면서 시작되는 관계 말이에요.

물론 엄마라는 이름으로 시작해서 친구가 되는 관계도 있어요. 한 선배는 조리원 동기와 매년 여행을 간다고 하더라고요. 이제 초등학생이 된 아이들도 함께. 그런 이야기를 들으면 그때 제가 좀 더 마음을 열고 노력했어야 했나 하는 후회도 들어요.

다만 저는 엄마라는 이름에만 묶여있는 게 너무 버거웠던 것 같아요.

안 그래도 24시간 아이와 함께 있는데 '어른 사람'들을 만나서도 아이 이야기를 하고 싶진 않았어요.

그래서 조동은 어떻게 됐냐고요? 돌 즈음 와해됐어요. 어느 순간부터 단톡창이 조용해지더라고요. 저 빼고 다른 단톡창이 생겼을지도.

조리원에서 친구를 사귀어 보겠다던 야무진 꿈은 그렇게 대실패로 끝났답니다. 지금도 처참한 몰골로 조동 만들겠다고 애썼던 제 자신을 생각하면 그저 쓴웃음만 나옵니다.

조리원은 돈ㅈㄹ? 천국 맞다니까

전 첫째와 둘째 모두 산후조리원을 이용했어요. 두 번 다 가야 할까 고민이 많았지만 결국 나를 위해, 아이를 위해 그곳에 발을 들였죠.

종종 산후조리원은 '돈ㅈㄹ'로 불리기도 하죠. '옛날엔 그런 것 없이 애 잘 키웠어.' '옛날엔 그런 데 안 가도 멀쩡히 다 살았어.'라는 말들과 세트로요. 하지만 그건 말 그대로 옛날 얘기.

최근 산모들 10명 중 8명(75.1%)이 산후 회복을 위해 산후조리원을 이용한다는 조사 결과(보건복지부, 2018 산후조리 실태조사)를 보면 산후조리원이 더 이상 '유난'은 아닌 것 같아요.

같은 조사에서 산모들은 산후조리원을 찾는 이유에 대해 '육아에 시달리지 않고 산후조리를 할 수 있어서(36.5%)', '육아전문가에게 육아방법에 도움을 받기 위해서(18.7%)'라고 답했는데요. 산후조리원을 마냥 찬양할 순 없지만, 저도 이러한 장점을 몸소 경험했기에 갓 출산한 산모들에게 웬만하면 산후조리원을 추천해요.

내게 산후조리원이 천국이었던 이유

저에게도 산후조리원은 '천국'과도 같은 곳이었습니다. 많은 산모가 얘기했듯 완벽한 휴식과 필요할 때면 즉시 찾을 수 있는 전문가, 이 두 가지가 가장 큰 이유였죠.

두 아이를 출산하고 머물렀던 산후조리원은 남편 외 외부인의 출입과 면회가 안 되던 곳이라 아무런 방해 없이 쉴 수 있었어요. 전 마치 올 인클루시브 리조트로 갔던 신혼여행 때처럼 먹고, 자고를 반복하며 마음껏 휴식의 시간을 누렸죠.

임신 중에 제대로 잠을 못 잤기 때문에 피로가 많이 쌓여있었어요. 때 되면 밥 주고, 청소·빨래도 해주니 손가락 하나 까딱하지 않고 그저 누워서 자고, 자고, 또 자며 '무조건 자라.'는 선배들의 말을 칼같이 지켜냈죠. 그러다 보니 언젠가부터 자느라 수유콜을 못 듣는 때가 많아졌어요. 모유수유와 조리원 동기 만들기 등은 조리원 휴식의 걸림돌이 되기도 하는데요. 전 애당초 이런 것들에 대한 의지와 미련이 크게 없었기 때문에 수유콜을 못 들을 정도로 마음 편히 쉴 수 있었을지도 모르겠어요.

휴식 다음으로 좋았던 건 언제나 전문가가 곁에 있었다는 거예요. 아이에 대해 전혀 모르는 초보 산모를 위해 신생아실 담당 선생님들이 매일 아이의 건강 상태를 체크해 알려주었죠. 3일에 한 번 방문하는 소아과 의사를 통해 많은 의문을 해소할 수도 있었고요.

특히 심폐소생술, 위급 상황 시 대처 방법, 목욕 방법 등 안전 문제와 관련해 자세히 배울 수 있었던 건 정말 큰 도움이 됐어요. 우리 부부는 아기 심폐소생술을 두 손가락으로 해야 한다는 것도, 어린 아기 목에 뭔가 걸렸을 때는 배를 누르는 게 아니라 뒤집어서 등을 쳐야 한다는 것도 몰랐던 쌩초보 부모였기 때문이죠.

출산 직후 병원에 있는 동안 젖이 돌면서 가슴이 매우 아팠는데 조리원 마사지 전문가의 손길로 젖앓이에서 완전히 해방될 수도 있었어요. 특히 운동에 관심이 많은 전 산모들의 운동을 도왔던 방문 요가 강사에게 산후 운동에 대해 많은 조언을 듣고 운동 방법을 배우기도 했어요.

혼자서 제왕절개 출산을 하느라 더욱 긴장했던 탓에 몸도, 마음도 많이 지쳤었는데 조리원에서 2주의 시간을 편히 보내면서 빠르게 회복할 수 있었습니다. 더불어 육아에 치이는 현실로 들어서기 전, 차분하게 마음의 준비도 할 수 있었고요. 둘째아이를 낳고도 마찬가지였어요. '앞으로 이런 시간은 없다.'는 생각으로 더욱 휴식과 회복에 집중했어요.

하지만 진정한 천국은 아니었던 이유

천국과도 같은 시간을 보냈던 산후조리원이지만 사실 이곳이 진정 천국은 아니었어요. 마음에 걸리는, 불편한 구석이 분명 있었죠.

제가 산후조리원에 있으면서 느꼈던 가장 큰 불편함은 '엄마 공장' 같은 느낌이었어요. 대부분 산후조리원은 모유수유나 산후 다이어트를 마케팅에 크게 활용하곤 하는데요. 그래서인지 '모유수유와 산후 다이어트에 성공한 엄마'를 만드는 곳이라는 생각이 지워지지 않았습니다. 제가 머물렀던 곳도 마찬가지였죠.

산후조리원은 여성을 '모성 가득한' 엄마로 길러내는 첫 관문이다. 역설적이다. 여성들이 주변의 간섭을 왜 차단하려고 했겠는가? 출산과 동시에 모성으로 무장함이 마땅한 엄마의 모습이라고 전제하는 주변인들의 무례한 간섭이 이루어지는 것을 막기 위해서다. 그래서 2주간 휴가를 떠나는 것인데 산후조리원이 모성을 추호도 의심하지 않는 곳이라니. 물론 강요하는 방식이 투박하지는 않다. 산모들이 알아서 길들여지도록 자연스레 유도한다. 대표적으로 모유수유가 그렇다.

– *『결혼과 육아의 사회학』* (오찬호|휴머니스트)

제가 이용했던 조리원은 모유수유를 강제하진 않았지만, 기본적으로 '모유수유 성공'을 위해 물심양면 도왔습니다. 모유수유 수업 시간에 둥글게 둘러앉은 엄마들이 모두 젖가슴을 드러내고 제 젖을 짜보며 서로의 상태를 확인했던 장면이 아직도 잊히지 않아요. 네 젖이 잘 나오냐, 내 젖이 잘 나오냐 경쟁적으로 보여주던 이상한 상황이었죠. 그곳에선 모유수유를 잘하는 엄마가 좋은 엄마, 성공한 엄마였어요.

게다가 산후조리원에 있으면 모성만이 아니라 '여성성 회복'도 강요받을 확률이 높다. 현대사회는 모성을 강요하면서도 이 때문에 여성성을 상실하는 것은 용납하지 않는다.

-『결혼과 육아의 사회학』(오찬호|휴머니스트)

산후 다이어트도 마찬가집니다. 마치 조리원에 있을 때 살을 많이 빼지 않으면 임신기간 찐 살이 평생 갈 것처럼 얘기하는 바람에 마음이 급해지기도 했어요. 그래서 첫아이 때는 멋모르고 고가의 마사지를 결제하기도 했죠. (효과는 없었습니다.) 마사지실에서 차례를 기다리며 마주친 산모들과는 서로 얼마나 몸무게가 빠졌는지 비교하기 일쑤였어요.

초보엄마의 불안을 다독여 주고 격려해주는 것만으로도 조리원의 순기능은 이미 충분해요. 그런데 '성공'이라는 기치 아래 엄마들을 줄 세우고 몰아붙이며 획일하게 만드는 모습은 내내 마음을 안 좋게 만들었습니다.

그리고 너무 상업적입니다. 분명 좋은 취지를 가진 산후조리 시스템이지만 시장 경제 체제 속에서 점점 더 상업적으로 변질되는 현실이 안타까워요.

산후조리원을 고르기 위해 네 군데 정도를 둘러보았는데 애초에 '저렴한 조리원'은 없었습니다. 어쨌거나 250만 원부터 시작했으니까요. 실제로 산후조리원 이용에 드는 평균 비용은 220만 7천 원(보건복지부, 2018 산후조리 실태조사). 최근 출산 장려금 250만 원 논란이 있었는데요. 산후조리원만 다녀오면 눈 깜짝할 새 사라지는 돈이죠.

수백만 원이 어디에 어떻게 쓰이는 걸까요. 물론 아기와 산모의 안전과

건강을 보장하기 위해서도 쓰이겠지만 최고급 원목침대나 고가의 마사지 같은 건 꼭 없어도 될 것 같아요.

산후조리원이 진정 천국으로 거듭나려면

출산 전, 산후조리원이 꼭 필요한 것인지 고민을 많이 했어요. 하지만 산후조리원을 두 번 이용해보니 꼭 고가의 조리원일 필요는 없지만 이 과정이 모든 산모에게 필요하겠더라고요.

학수고대하던 아이를 만난 순간의 기쁨도 잠시, 처음으로 아이를 안고 젖을 물리려 낑낑댈 때의 당혹스러움이란 마치 우주 미아가 된 것처럼 엄마를 외롭고 두렵게 만듭니다. 산후조리원은 초보엄마가 그런 어려움을 조금이나마 극복하고 아이를 맞이할 준비를 할 수 있는 곳이었죠.

둘째, 셋째 엄마도 도움의 손길이 필요한 건 마찬가지예요. 앞선 경험으로 조금은 익숙하겠지만 어떤 새로운 난관이 닥칠지 모르는 일이고, 다둥이 육아를 시작하기 전 엄마의 몸과 마음을 충분히 추스를 시간이 분명 필요하기 때문이죠.

하지만 민간 산후조리원은 비용이 많이 드는 게 현실이라 모든 산모가 전문적인 산후 관리를 받기 위해서는 정부의 산후조리 지원이 더욱 필요합니다.

이런 맥락에서 최근 하나둘씩 늘고 있는 공공산후조리원과 몇몇 지자체의 산후도우미 지원 혜택 확대는 반가운 일이에요. 불필요한 비용은 빼고 순기능만 모아 누구나 찾을 수 있는 저렴한 산후조리원이 운영된다면 만지면 부서질 듯한 갓난아기를 안고 두려움에 떠는 많은 부모에게 큰 도움이 될 거라 생각해요.

정부는 아이를 낳았다고 해서 돈만 쥐어주는 것이 아니라 가족이 탄생한 시작점에서 그들이 건강한 방향으로 출발할 수 있도록 여러 방면에서 체계적으로 도와야 해요. 건전한 산후조리 시스템이 가족의 출발을 도울 수 있을 때야말로 산후조리원이 진정한 천국이 될 수 있지 않을까요.

엄마의 책

이주영

『나는 울 때마다 엄마 얼굴이 된다』

이슬아 | 문학동네

세상에서 가장 사랑하는 남, 엄마

그리스 신화 속 시시포스는 신을 속인 죄로 커다란 바위를 산꼭대기까지 밀고 올라가는 벌을 받았다. 바위를 정상까지 힘겹게 밀어 올리면 그 즉시 아래로 굴러 내려갔기 때문에 시시포스는 평생 똑같은 일을 반복해야 했다.

한 잡지에 실린 글이 기억난다. 시시포스의 신화가 그토록 무섭게 느껴지는 것은 그의 끝없는 노동에 목적이 없기 때문이라고. 시시포스의 삶을 제대로 된 인생이라고 부를 수 없는 까닭은 매일 바위를 굴리는 형벌이 단조로워서가 아니라 그 끝에 아무것도 존재하지 않아서다. 그의 삶은 끝없는 반복뿐인데, 그의 노력은 아무것도 변화시키지 못한다. 그게 시시포스 굴레의 비극이다.

처음 육아에 뛰어들었을 때 심정이 딱 이랬다. 시시포스가 매일 바위를 굴리듯 온종일 아기를 위해 먹이고 치우는 일을 반복하는데, 내가 이렇게 하루하루 버티면 그 끝에는 무엇이 있는지 알 수 없어 막막했다.

그동안은 비교적 인과가 명확한 삶을 살아왔던 것 같다. 공부해서 대학 가고, 취업 준비해서 입사하고, 주어진 일해서 월급 받고, 연애해서 결혼하고. 뿌린 만큼 거두고 열심히 노력한 만큼 보상받는 게 당연한 이치인 줄 알았다. 그런데 육아는 인과가 뚜렷한 일이 아니다. 노력해도 당장 결과가 나오지 않거나, 예상치 못한 흐름으로 전개되는 경우도 있다. 날마다 성실히 아이를 키워도 눈에 띄는 성과가 없으니 나의 시간이 무의미하게 흘러가는 것 같아 조마조마했다.

도 닦듯이 애를 키워온 지 어느덧 3년. 칠흑같이 어둡던 육아 터널에서 한 줄기 빛과 같은 책을 만났다. 이슬아의 『나는 울 때마다 엄마 얼굴이 된다』. 작가가 '이 세상에서 가장 사랑하는 남'인 엄마와의 이야기를 담아낸 책이다. 이 책에서 말하는 것들이 어쩌면 길고 긴 육아의 목적이자 결과가 아닐까 싶다.

나는 이제 막 아이를 낳은 친구들에게 이 책을 선물할 생각이다. 매일 젖 물리고 기저귀 갈고 잠투정 달래는 일에 지칠 때, 무한 루프처럼 되풀이되는 엄마의 일상이 지겹고 무용해질 때 그녀가 들려주는 이야기를 읽으며 길을 잃지 않기를 바라는 마음에서다. 그래서 준비했다. 『나는 울 때마다 엄마 얼굴이 된다』를 추천하는 이유 3가지.

1. 혈연 말고 우정

'우리는 서로를 선택할 수 없었다.'

책의 첫 문장이다. 이 말만큼 부모와 자식이라는 관계의 본질을 꿰뚫는 문장이 또 있을까. 우리는 모두 우연히 만난 존재들이다. 서로를 고를 수 없던 두 사람이 만났고, 따라서 우리는 서로를 모른 채 출발했다. 그녀는 이어서 말한다.

> *어떤 모녀가 함께 자라도록 도운 풍경을 묘사한 책이다. 한 아이가 태어나 성인이 되기까지의 역사, 혹은 한 몸에 있었던 두 사람이 서로에게서 독립하는 과정이기도 하다. 무엇보다도 우정에 관한 이야기라고 생각한다. 우연히 만난 두 사람의 우정. (중략) 서로가 서로를 고를 수 없었던 인연 속에서 어떤 슬픔과 재미가 있었는지 말하고 싶었다.*

육아는 부모가 아이를 일방적으로 키우는 단순 노동이 아니다. 아이도 나도 함께 자라면서 친구가 되는 시간이다. 이 책을 읽은 뒤로 나는 육아가 힘들 때마다 속으로 되뇐다.

'나는 지금 이 아이와 우정을 쌓아가고 있다.'

2. 엄마의 이름을 부르는 딸

그녀의 책에는 '복희'라는 인물이 등장한다. 바로 작가의 엄마다.

태어나보니 제일 가까이에 복희라는 사람이 있었는데, 그가 몹시 너그럽고 다정하여서 나는 유년기 내내 실컷 웃고 울었다. 복희와의 시간은 내가 가장 오래 속해본 관계다. 그가 일군 작은 세계가 너무 따뜻해서 자꾸만 그에 대해 쓰고 그리게 되었다.

나는 이 문장에 밑줄을 그으며 딸이 부모에게 해줄 수 있는 최고의 말이라고 생각했다. 아이에게 이런 말을 들을 수 있는 엄마가 되고 싶어졌다. 엄마라는 희생의 세월 말고 '주영'이라는 인물을 떠올릴 수 있는 서사, 둘이 함께 웃고 울 수 있는 추억, 엄마의 이름 석 자를 부를 마음이 들 정도로 깊은 우정. 이것들이 내 육아의 결과이기를 바란다.

엄마의 서사와 모녀의 추억이 꼭 비싸거나 완벽할 필요는 없는 것 같다. 엄마 복희는 등록금이 없어서 대학에 들어가지 못하고 평생 여러 직업을 전전하며 살았다. 경리, 닭갈빗집 서빙, 빵집 직원, 보험설계사, 구제옷 가게 주인 등. 먹고살기 위해 쉴 틈 없이 자신의 시간을 팔아왔다.

복희의 가난은 딸 슬아에게로 이어진다. 슬아는 대학에 진학했지만 학비와 월세를 벌기 위해 투잡, 쓰리잡을 뛴다. 그러나 슬아는 엄마를 부끄러워하거나 원망하지 않는다. 오히려 돈을 벌어 엄마에게 시간을 선물하는 게 꿈이라면 꿈이다. 엄마가 일을 멈춰도 되는 시간, 아프면 몸을 돌볼 수 있는 시간을 주기 위해서다.

아이를 키우다 보면 욕심이 현실을 앞서가곤 한다. 아이에게는 가장 좋은 것만 주고 싶고, 다른 집 아이들에게 기죽지 않았으면 좋겠다는 조바심이 든다. 작가가 들려준 이야기를 들으며 조금은 자신감을 얻게 됐다. 내가 아이에게 주는 것들이 슬프고 초라해도 진심이 담겨 있다면 괜찮지 않을까.

작가는 엄마의 진심을 알았을 것이다. 가족이 입고 먹고 잘 수 있는, 아주 기본적인 일상을 지키기 위해 복희가 분투했다는 것을. 그리고 그게 복희가 슬아를 사랑하는 법이었다는 것도. 나도 나답게 아이를 사랑하고 아끼려고 한다. 그 마음이 아이에게 전해지길 바랄 뿐.

3. 딸을 응원하는 엄마

엄마 복희는 딸 슬아에게 자신의 옳고 그름을 강요하지 않는다. 슬아만의 가치관과 판단을 존중한다. '부모 말을 잘 들으면 자다가도 떡이 나온다.'는 식으로 통제하지도 않고, '네 맘대로 하라.'며 방관하지도 않는다.

대학을 다니며 각종 아르바이트를 병행하는 슬아는 어느 날 깨닫는다. 남들이 하지 않는 일을 해야 적은 시간에 많은 돈을 벌 수 있다는 걸. 고심 끝에 슬아는 누드모델에 지원하기로 결심하고 부모님에게 알린다.

슬아가 누드모델로 일하겠다고 얘기했을 때, 복희는 등짝 스매싱을 날리는 대신 이렇게 묻는다. "무엇을 준비해야 해?" 슬아는 답한다. "무대에 서기 전에 걸치는 가운이 필요해." 복희는 자신의 구제 옷가게로 가서 가장 고급스러운 코트를 가져와 선물하며 말한다. "알몸이 되기 전에 네가 걸치고 있는 옷이 최대한 고급스러웠으면 해." 복희는 그런 엄마다. 섣불리 판단하거나 통제하지 않는 사람. 나 몰라라 방임하지 않는 사람. 딸의 삶 그대로를 받아들이는 차원을 넘어 슬아의 선택을 궁금해 하고 응원해주는 사람.

누드모델로 일하겠다는 딸에게 코트를 선물해주는 포용력은 하루아침에 생겨나지 않는다. 처음에는 아주 사소한 일이었을 테다. 아이가 밥을 안 먹겠다고 떼를 쓸 때, 얌전히 앉아 있지 못하고 여기저기 뛰어다닐 때, 복희는 남들과 다른 선택을 했을지도 모른다. 그런 경험이 복희만의 포용력으로 발전했을 테고, 슬아는 그런 복희를 신뢰하며 자신감 있게 세상으로 나아간 게 아닐까.

작가는 엄마와의 역사를 '나를 씩씩하게 만든 이야기'라고 말한다. 이 문장을 곱씹으며 나는 추억의 힘을 생각했다. 추억의 기본 단위는 일상이고, 육아는 부모와 아이가 수많은 일상을 일궈가는 일이다. 당장 극적으로 달라지는 건 없지만, 먹이고 입히고 재우는 지루한 일상이 아이의 마음 어딘가에 추억이라는 동력으로 차곡차곡 쌓이고 있을지도 모른다.

이런 사람들에게 추천

☞ 산후조리원에서 나와 아이와 집으로 돌아가는 게 두렵다면
☞ 매일 못 먹고 못 자며 육아하는 일상에 지쳤다면
☞ 뭣 때문에 고생하며 애를 키워야 하는지 답을 못 찾았다면

3. 호갱은 그만! 출산용품 다시 보기

엄마를 현혹하는 말들
- 기적의 속싸개, 국민모빌

육아용품 세계에는 유난히 '이것만 있으면 모든 게 해결!' 식의 광고가 많은 것 같아요. 아이가 통잠을 잘 수만 있다면, 잠시만 내 시간을 가질 수만 있다면… 하는 엄마의 절실한 마음을 파고드는 마케팅인데요.

'호갱'은 이제 그만, 출산용품 다시 보기! 이번 시간은 '기적', '국민' 수식어가 붙은 아이템을 4명의 엄마 작가가 조목조목 따져봤습니다.

Q. '기적의 속싸개'만 있으면 통잠 자나요?

출산 앞둔 예비맘입니다. 신생아 때 애들이 모로반사 때문에 자주 깨서 속싸개가 꼭 필요하다고 하잖아요. 감싸기만 하면 아이가 5분 만에 잠든다는 '기적의 속싸개'가 있던데 이것만 있으면 정말 아이가 통잠 자는 거 맞나요? 하나에 가격이 2~3만 원 정도 하더라고요.

A. 모두에게 기적이 오는 건 아니에요.

– '환장의 속싸개' | 홍현진

신생아 때는 아이 자는 문제가 제일 고민이죠. 그래서 엄마들이 통잠 자는 기적의 아이템이라고 하면 일단 사고 보는 것 같아요. 그만큼 절박하니까요. 아이 태어날 때 몸무게가 4.14kg였어요. ㅎㄷㄷ 미리 사둔 찍찍이형 속싸개 S사이즈는 딱 한번 입혀봤네요. 갑갑한 걸 너무 싫어하는 여름 아기라 파우치형 속싸개 M사이즈도 한두 번 입히고 끝! 너무 심하게 거부해서 지퍼 채우는 것 자체가 불가능했어요. 환장, 대환장 ㅠㅠ 하나에 3만 원이 넘는데…. 허탈했던 기억이 나네요. 천기저귀를 속싸개 대용으로 활용하긴 했는데 결과적으로 속싸개 효과는 전혀 못 봤어요.

– '속싸개 무엇' | 최인성

첫째아이 때 전통 속싸개를 3개 정도 샀는데, 선물로 받고 병원과 조리원에서도 받아 나중엔 너무 많아졌어요. 아까워서 아이 크면서 계속 수건으로 썼네요(속싸개의 숨은 용도!). 베이비페어에서 파우치형 속싸개를 하나 샀는데 첫째아이도, 둘째아이도 딱 한 번씩만 입어보고 안 썼어요. 두 아이 모두 답답하게 묶여있는 걸 싫어했고 손을 빼줘도 잘 자는 경우였어요. 그래서 속싸개 자체를 오래 하지 않았어요. 둘째아이 때 팔을 빼줄 수 있는 파우치형 속싸개를 선물 받았는데, 이건 비교적 잘 썼어요.

A. 속싸개가 도움이 되는 아이도 있어요.

- '속싸개 못 잃어' | 봉주영

출산 전 얇은 이불처럼 생긴 속싸개 2개를 준비해놨어요. 신생아실 창문 너머 아가들은 속싸개에 예쁘고 단단히 착착 묶여 잠들어 있었어요. 조리원 퇴소 때 속싸개 싸는 법도 배우고 나왔지요. 하지만 집에서 제가 싼 속싸개는 금방 헐렁헐렁 너덜너덜 만신창이가 되기 일쑤였죠.

이후 전 쉽고 빠르게 아가를 단단히 묶는 속싸개를 구매했어요. 저희 아이는 잠에 예민한 편이었어요. 그래서 5개월까지 밤잠 들기 전엔 속싸개에 의지했어요. 저처럼 전통 속싸개를 사용하는 게 서투르다면 현대식 속싸개 사용을 추천해요. 저희 아이는 지퍼가 있는 파우치형보다는 찍찍이 형태가 잘 맞았어요. 아이가 커가면서 팔 부분만 감싸주는 스트랩 형태 속싸개도 잘 사용했답니다.

- '속싸개 못 잃어2' | 이주영

신생아 때부터 전통 속싸개로 세게 감싸줬고, 그러면 적어도 한 시간은 깨지 않고 자더라고요. 친구가 파우치형 속싸개를 선물해 줬어요. 그걸 써보니 애가 글쎄 밤에 세 시간 연속 잤어요. 그래서 사이즈별로 사서 백일 넘을 때까지 썼죠. 전통 속싸개가 아이 숙면에 도움이 된다면 한 번 써볼 만한 것 같아요. 물론 이걸 쓴다고 해서 열에 열 모두 통잠에 성공했다는 건 아니에요. 속싸개를 안 해주는 것보다 아주 아주 좀 더 오래 잤을 뿐이죠.

마더티브의 Tip

◆ 기적이라는 말에 흔들리지 말자!(기적은 애by애)

◇ 아이마다 궁합이 잘 맞는 속싸개가 있다.

◆ 한 번에 여러 개 사지 말고 중고로 사서 써보는 것도 방법.

◇ 낳아 보니 애가 생각보다 덩치가 클 수도 있어…. 미리 사놓지 말자.

Q. '30분의 기적'… 국민모빌 사야 할까요?

곧 조리원에서 집으로 가요. 조리원에서 종이로 모빌 만들기를 했는데 국민모빌을 또 사야 할까요? 애들이 그거 있으면 30분 동안 모빌 보며 혼자 논다고, '30분의 기적'이라고 하던데(무슨 기적이 이리 많나요). 완전 고민돼요.

A. 육아는 케바케, 국민도 케바케

– '반전 모빌' | 최인성

'케이스 바이 케이스'라는 말을 실로 체감한 아이템. 역시 베이비 페어에서 구입했어요. 남들이 다 사길래요. 첫째아이는 정말 모빌을 안 봤어요. 옆에서 사람이 놀아주는 걸 더 좋아했어요. 사정상 백일 즈음 외국에 나가게 되어 싸 들고 갔지만 쓸 일이 없었어요.

반면에 둘째아이는 정말 잘 봤어요. 내가 이 아이를 위해 이걸 산 거구나 싫었죠. 틀어주면 모든 곡이 다 재생될 때까지 신나게 옹알이도 하면서 잘 보고 놀더라고요. 그런데 둘째는 공짜로 받은 종이모빌도 좋아했어요. 모빌을 잘 보는 아이라면 꼭 이 제품이 아니어도 될 것 같고, 아이가 만지고 노는 장난감이 아니니 중고로 사도 될 것 같아요.

– '저스트 5분' | 이주영

살까 말까 백 번은 넘게 고민했던 제품이에요. 친구가 선물해준 모빌이 있는데도 그랬어요. 친구 모빌로는 애가 5분 정도 혼자 노는데, 왠지 국민모빌을 쓰면 20분은 혼자서 거뜬히 놀 것만 같았어요. 후기들을 봐도 '이거 덕분에 밥 먹었다.'는 말들이 있더라고요. 그런데 가격이 이것저것 부품까지 사면 10만 원이 넘더라고요. 중고도 가격이 싼 건 아니었고요. 결국 안 사기로 했어요. 나중에 지인 집에서 아이에게 국민모빌을 보여줬는데, 딱 5분 보더군요. 그때 알았어요. 아, 우리 아이는 어떤 국민템을 가져다 놔도 딱 5분이 한계구나.

A. 효과 있었지만 가격대는 부담됐어요.

– '엄지 척' | 홍현진

이건 진짜 국민모빌 맞다! 남편과 엄지 척했던 제품이에요. 이거 하나면 노래 다 끝날 때까지 혼자 놀았으니까요. 만족도는 높았지만 가격이 몇 개월 쓰는 걸 고려하면 넘 비싼 것 같기는 해요. 중고로 사도 좋을 것 같아요.

- '중나사랑' | 봉주영

처음엔 조리원에서 손수 만든 모빌을 사용했어요. 그러다 또래 친구 집에 놀러 갔는데, 움직이고 소리 나는 모빌을 처음 봤지요. 신세계를 만난 듯 아이가 모빌을 한참 보고 있는 거예요. 구매각으로 바로 검색했는데 가격이 만만치 않더라고요. 그래서 중고나라를 이용해 구매했어요. 이 제품은 거의 24개월까지 사용했어요. 신생아 땐 모빌이었지만 아이가 커서는 컬러별 버튼을 누르며 소리를 듣거나 조작하고 스탠드를 잡고 일어나 음악에 맞춰 춤도 추고 가격보다 훨씬 오랫동안 잘 사용한 제품이었어요.

마더티브의 Tip

◆ 국민이라는 말에 너무 의지하지 말자.

◇ 구매 전에 친구 집에서 미리 체험해 보자. 요즘은 대여해 주는 곳도 많다.

◆ 중고로 사는 것도 괜찮다.

'있어빌리티'가 뭐길래?
- 강남유모차, 명품아기띠

아이와 함께라면 어디서든 필수이고, 가장 눈에 띄는 육아용품이기도 한 유모차와 아기띠. 그래서인지 '강남유모차', '명품아기띠' 등 '있어빌리티'를 강조하는 마케팅이 더욱 눈에 띄는데요. 종류와 브랜드가 수없이 많은 데다가 고가의 제품이기도 해서 부모들의 고민이 가장 깊어지는 아이템입니다. 유모차와 아기띠를 구입하기 전에 따져봐야 할 것들을 솔직하고 꼼꼼하게 얘기해봤습니다.

Q. 디럭스, 절충형, 너무너무 고민돼요.

임신 30주고 출산준비 중이에요. 저희 부부가 마음에 드는 디자인의 디럭스 유모차가 있는데 거의 백만 원이더라고요. ㅠㅠ 근데 절충형, 휴대용 유모차도 필요하다고…. 정말 모두 사야 하나요? 무척 마음에 들어서 포기가 어려운데 디럭스 한 대로만 쓰는 건 불가능할까요?

A. 우량아, 빌라… 디럭스는 상황에 맞게

– '있어빌리티맘1' 봉주영

유모차는 역시 디자인이죠! 솔직히 말해서 전 디자인 허세가 있었어요. 남편과 저는 저희 차를 사는 양 신이 났죠. 있어빌리티 유모차를 사기 위해 이틀 연속 베이비페어에 갔어요. 비슷비슷해 보이는 칙칙한 색의 유모차들에 지쳐있을 때 화사한 흰색 가죽의 디럭스 유모차가 제 눈에 쏙! 깊이 박혔어요. 대략 200만 원에 육박하는 가격을 듣고 포기하려고 했지만 이미 전 중고나라의 노예…. 중고 가격도 다른 새 디럭스 유모차 가격과 비슷했지만 눈에 아른거려 결국 샀어요. ㅠㅠ 이 유모차를 끌고 나가면 열에 아홉은 '어디서 샀냐?'고 물어볼 정도로 눈에 띄는 디자인이었어요. 저희의 '디자인 허세'는 완벽하게 충족됐죠.

하지만 아이 생각은 안 하고 부모의 디자인 취향만 고려한 결과, 제가 산 유모차는 아이의 발육상태가 평균을 웃돈다면 고르지 말았어야 할 제품이었네요. 저희 아이는 지금까지 영유아검진 키, 몸무게 백분위수가 모두 상위 99%였어요. 16개월 즈음 이미 아이의 몸무게는 유모차 제한 체중인 15kg을 훌쩍 넘었어요. 20개월엔 아이 머리가 햇빛가리개에 닿았고 발은 발판 아래로 삐져나갔어요. 결국 휴대용 유모차를 생각보다 일찍 사게 됐죠. 작아진 디럭스 유모차는 다행히 중고나라에서 제가 산 가격의 반값에 팔 수 있었답니다.

– '있어빌리티맘2' 이주영

출산 전에는 디럭스와 절충형 사이에서 고민했어요. 애 낳고 나서는 더 크고 안정적이라는 디럭스로 마음을 굳혔고요. 지인에게서 '흔들린 증후군'을 조심해야 한다고 들었거든요. 갓 태어난 아기 머리는 고정이 안 돼서 많이 흔들리면 뇌가 손상될 수도 있다는 무시무시한 이야기였어요. 나중에 찾아보니 아주 심하게 흔들리는 경우에만 발생한다고 하더군요. 그때는 잘 몰라서 덜컥 겁이 나 그냥 크고 무거운 디럭스를 선택했어요.

디럭스로 결정하고 나서는 브랜드가 문제였어요. 정확히는 국내냐, 해외냐. 지인들 유모차들을 보니 퀴O, 잉글레OO, 스토O 등 거의 다 '있어 보이는' 해외브랜드 제품이었어요. 그냥 제일 싼 거 사려던 마음이 흔들리기 시작했죠. 순진하게 '싼 제품 아무거나 샀다가 우리 애만 기죽진 않을까, 남들이 가난한 집으로 보진 않을까.' 하는 허황된 마음이었죠. 그렇다고 스토O같이 100만 원이 훌쩍 넘는 제품을 살 형편은 아니고…. 결국 80만 원 대의 독일제 디럭스 유모차를 선택했습니다. 애 낳고 퉁퉁 부은 몸으로 베이비페어에 가서 세 시간 동안 돌아보고 골랐어요. (남편은 지금도 베페 얘기만 들어도 속이 울렁거린대요. 질리도록 돌아서.)

하지만 당시 저희 집이 엘리베이터 없는 빌라 3층이었다는 게 함정이었죠. 너무 크고 무거워서 혼자 들고 내려가지 못해 돌 전까지 10번도 못 탔습니다. 생후 6개월 때 10만 원 대 휴대용 유모차를 샀는데, 오히려 그걸 더 많이 탔어요. 휴대용은 세 돌이 다 되어가는 지금까지도 사용합니다. 유모차는 '있어빌리티'보다 '실용' 측면에서 고르는 게 길게 봤을 때 덜 후회할 것 같아요. 나의 조건과 환경에 맞는 제품을 사는 게 제일 후회가 남지 않을 듯해요.

A. 절충형과 휴대용으로도 충분했어요.

– '백일출국맘' 최인성

첫째아이 때 절충형 한 대만 샀습니다. 백일 즈음 외국에 나가 1년 정도 거주할 예정이었기 때문에 이동할 때 부담스러운 디럭스 유모차는 생각하지 않았어요. 그리고 늦가을 출생이라 겨울에 외출이 잦지 않을 것 같아 미리 사지 않았고요. 출산 후부터 천천히 알아보다 2달쯤 지나 구매했습니다. 180도로 젖혀지는지, 양대면이 가능한지, 안전한지, 폴딩과 이동이 쉬운지 등을 살펴보았고요. 절충형으로도 안 가본 데 없이 잘 다녔고, 이 유모차를 물려받은 둘째도 잘 쓰고 있답니다. 동생에게 유모차를 물려준 30개월 첫째를 위해 저렴한 휴대용 유모차를 추가로 샀는데 부담없이 짐차로도 쓰고 좋네요.

– '뚜벅이맘' 홍현진

유모차에 대해서는 별다른 로망이 없었어요. 제가 운전을 못해서 유모차를 끌고 다닐 일이 많을 것 같아 무거운 디럭스는 엄두가 안 나더라고요. 우리나라 유모차 접근성, 겪어보기 전에는 모릅니다. 10kg 유모차+아이 무게까지 감당하며 유모차를 번쩍번쩍 들어 올려야 할 일이 종종 생기죠. 디자인과 핸들링이 마음에 드는 절충형 유모차를 조리원에 있을 때 구매했고 28개월이 된 최근까지도 잘 쓰다가 지인에게 물려줬어요.

중간에 휴대용 유모차를 사서 번갈아가며 썼어요. 주변에 아이 키우면서 유모차 한 대만 사는 경우는 없는 것 같아요. '유모차 한 대로 모든 기능을 다 소화하겠다.'고 생각하지 말고 각자 상황에 맞게 첫 유모차를 구매하면 좋을 것 같아요.

마더티브의 Tip

◆ 실용성(생활환경, 아이 발육상태 등)을 최우선으로 고려하자.

◇ 디럭스 / 절충형 / 휴대용을 모두 살 필요는 없다.

◆ 하지만 한 대로 모든 기능을 다 소화할 수도 없으니 첫 유모차는 각자의 상황에 맞게 구입!

◇ 출산 후에 사도 늦지 않다.

Q. 아기띠보다 슬링이나 베이비랩이 이쁘던데….

아까 유모차 물어본 30주 예비맘이에요. 이번엔 아기띠요! 알아보니 아기띠랑 힙시트가 따로인 것도 있고 아기띠 말고 슬링, 베이비랩, 포대기 등 다른 것들도 엄청나게 많더라고요. 아기띠보다는 슬링이나 베이비랩이 예뻐 보이긴 하던데, 어떤 걸 준비하면 좋을까요?

A. 아기띠와 힙시트가 가장 대중적, 나머지는 각자 상황과 조건에 맞춰 선택

– '아기띠&힙시트 따로1' | 봉주영

전 아기띠와 힙시트를 출산 전에 각각 따로 선물 받았어요. 3.84kg으로 태어난 아기를 안아서 돌보기엔 팔과 손목이 후들후들 너무 힘들고 아프더라고요. 그래서 신생아부터 사용 가능한 아기띠를 바로 꺼냈죠. 자유로워진 두 손, 신세계가 펼쳐졌어요. 그리고 전 겨울에 출산했거든요. 아기띠로 아기를 폭 감싸 안정적으로 안아줄 수 있어서 좋았어요. 하지만 여름이 되니 체온 때문에 더위가 더해져 부모와 아이가 모두 불편해졌어요. 이땐 접촉 면적이 아기띠보다 적고 허리에만 두를 수도 있는 힙시트로 바꿔 잘 사용했어요.

참, 슬링은 지인에게 빌려 잠시 써봤어요. 소리에 예민한 아이라 아기띠 찍찍이 소리가 재앙에 가까웠죠. 그런데 저희 아이는 커서 넣고 빼기가 버거웠고 애도 얼굴이 시뻘게지며 온갖 짜증을 내더라고요. 디자인 호구인 제가 보기에 슬링이 간지나고 예쁘긴 한데 덩치 큰 애라 이번 생에 슬링은 포기했네요.

– '아기띠&힙시트 따로2' | 이주영

아기띠는 해외 제품인 에르O로 샀습니다. 해외여행 가는 동생 찬스로 면세점에서 구입했어요. 그땐 예쁘고 있어 보이는 게 중요했거든요. 그리고 좋은 아기띠를 써야 다리 휨을 방지할 수 있다고 들었어요. 10만 원대 아기띠인 만큼 기능도 좋겠거니 했습니다.

백일 즈음부터 생후 6개월 전까지, 딱 3개월 정도 썼네요. 아기띠는 아기가 커질수록 엄마 몸에 그대로 하중이 실려서 목과 어깨가 아팠어요.

그러다가 애가 허리를 가누기 시작한 생후 6개월 즈음에 지인이 선물해 준 힙시트를 써봤는데, 완전 신세계였습니다. 아이가 의자처럼 앉으니 생각보다 제 어깨나 허리에 무리가 덜 가는 듯했어요. 빌라에 사는 뚜벅이 엄마인 제게 너무나도 유용한 육아템이었죠. 매일 썼습니다. 외출할 때는 무조건 힙시트를 들고 나갔어요. 온라인에서 가성비 좋은 국내 제품으로 힙시트를 하나 더 주문했습니다. 돌아가면서 빨아 쓰려고요. 힙시트는 생후 30개월까지 썼어요. 우리 집 장수 육아템 중 하나입니다.

힙시트라는 신세계를 알았다면 애초에 '올인원' 같은 제품을 알아봤을 거예요. 비슷한 가격에 아기띠와 힙시트 둘 다 쓸 수 있으니까요. '있어빌리티'고 뭐고 지나니 다 무용하네요. 역시 엄마 편한 게 장땡입니다. 다시 산다면 무조건 올인원 살 거예요. 그리고 예비용으로 힙시트를 하나 더 장만해두겠어요.

– '아기띠&힙시트 하나로1' | 홍현진

아기띠+힙시트 일체형을 썼는데 편했어요. 슬링은 지인에게 물려받았는데 아이가 워낙 크게 태어나서 감당이 안 되더라고요. 천으로 돼있으니 힘이 없어서;; 친구에게 물려줬는데 아이가 체구가 작아서 그런지 유용하게 잘 썼다고 들었어요.

– '아기띠&힙시트 하나로2' | 최인성

아무것도 모르고 베이비페어에 갔는데 아기띠+힙시트 올인원형이 있어서 그냥 샀어요. 아기띠 하나 가격과 올인원 가격이 비슷했고 안전성과 디자인도 다른 브랜드에 뒤지지 않아보였어요. 첫째는 3kg, 둘째는 2.4kg으로 태어났어요. 둘 다 작고 가벼웠죠. 안고 이동하는 데 큰 무리가 없었어요. 그래서 신생아 때는 아기띠를 쓰지 않았고 백일 즈음부터 손목과 허리에 무리가 가길래 그때부터 아기띠를 썼어요. 이후엔 아기들이 빨리 커서 아기띠에서 힙시트로 두어 달 만에 금방 바꾸게 되더라고요. 따로 샀으면 진짜 돈 아까웠을 것 같아요.

아기띠와 힙시트를 안 쓰는 부모는 못 본 것 같아요. 그런데 사람마다 체형이 달라 그런지 아기띠가 편한 사람, 힙시트가 편한 사람 각각 다르더라고요. 그래서 첫 구입이라면 올인원이 경제적이지 않을까 싶어요.

아기띠가 너무 패션 테러라 처음엔 조금 부끄러웠어요. 지금은 아무 옷에나 잘 걸치지만요. 그래서 베이비랩이란 걸 샀는데 당연히 인스타그램 속 엄마들처럼 예쁘게 안 매어지더라고요. 서너 번 쓴 것 같아요. 그리곤 고이 모셔두었다가 다른 친구에게 물려주었습니다. 아기를 업어 키운 친구가 포대기를 물려주기도 했는데요, 전 너무 어려워서 못 썼어요. 대신 친정엄마가 지금 둘째까지 유용하게 쓰고 계세요.

마더티브의 Tip

- ◆ 베이비 캐리어는 부모의 손목·허리 등의 보호를 위해 필요하다.
- ◇ 아기띠와 힙시트가 가장 대중적.
- ◆ 슬링, 베이비랩, 포대기 등 그 외 베이비 캐리어는 각자 상황을 고려해 추가적으로 선택하라.

내복은 그만! 애 말고 엄마를 위한 출산선물
- 작가 4인이 추천하는 출산선물 리스트

이제 막 해산한 친구를 만나러 가는 길. 보통 손에는 아이 내복이 들려 있겠죠? 제일 만만한 선물이기도 하고, 내복은 많으면 많을수록 좋으니까요. 이번에는 아이 말고 엄마를 위한 선물은 어떨까요? 육아하면서 엄마에게도 필요한 것들이 꽤 있는데, 아기를 위한 것들에 밀리곤 하거든요.

엄마를 위한 아이템이 뭔지 모르겠다고요? 걱정 마세요. 엄마 작가 4명이 출산 선물 리스트를 추천합니다.

최인성 추천

- 커피 상품권

친구 하나가 "아이 선물은 많을 테니 네 걸 준비했다."며 3만 원이 충전된 스타벅스 카드를 불쑥 줬어요. 돈으로 주려다 저한테 안 쓸 것 같아서 준비했다더군요. 첫째아이를 임신했을 때 별 유난을 다 떨면서 커피를 한 방울도 안마셨는데 그걸 안타깝게 생각했던 모양이었어요. (둘째 때는 많이 마셨어요.)

사실 전 커피마니아는 아닙니다. 하지만 일할 때 집중하기 위해 습관적으로 혹은 반대로 한 잔의 여유를 즐기기 위해 매일 커피를 찾죠. 그래서 커피를 참는 게 쉬운 일은 아니었어요. 저처럼 임신했을 때 아이 때문에 불안해서 커피 꾹 참는 분들 많으실 것 같아요. 아이 낳고는 수유 때문에 더 못 마시는 경우도 허다하죠.

엄마에게 '커피를 마신다.'는 건 어쩌면 '자유'를 의미할지도 모르겠어요. 그런 의미에서 해산한 엄마를 위해 커피 상품권을 선물해 보는 건 어떨까요? 잠시 아이와 떨어져 커피 한 잔의 여유를 보낼 수 있는 시간도 함께라면 금상첨화고요!

요즘 많은 커피 전문점에서 카드, 기프티콘 등 다양한 형태의 상품권이 나오니 선물 받는 엄마의 취향에 맞춰 선물해보세요.

이주영 추천

– 립컬러

아이와 같이 외출할 땐 정말 화장할 시간도 없습니다. 엄마가 화장대 앞에 느긋하게 앉아 파운데이션 바르는 시간을 애느님은 허락하지 않죠. 후다닥 아이에게 옷 입히고 아기띠 메고 나가기 바빠요. 정신없이 나와 거리를 거닐다 유리에 비친 잿빛 얼굴을 보면 어찌나 초라해지던지. 사람 맞나요(털썩). 그래서 립컬러가 필요합니다. 걸어가다가 아무 거울 앞에서 재빨리 립컬러를 톡톡 찍어만 줘도 사람다워시거든요.

립컬러는 색깔도 종류도 정말 다양하고, 사람 피부톤에 따라 어울리는 게 천차만별이에요. 예쁜 분홍색 립스틱이어도 제가 바르면 사이보그가 되더군요. 저는 웜톤이 잘 어울리는 얼굴이라 붉은빛이 도는 걸 선호해요.

그렇다고 선물할 사람 피부톤까지 취재하기란 무리겠죠. 그래서 저는 디올 '립글로우'를 추천해요. 컬러는 핑크, 코랄, 라일락, 베리, 라즈베리, 울트라 핑크(컬러 어웨이크닝 립밤 기준) 등 총 6가지인데, 핑크와 코랄이 누구에게나 무난하게 어울린다는 평이 많아요. 핑크가 안 어울리는 제게도 나쁘지 않더군요. 특히 핑크는 김연아 선수가 발라서 유명해지기도 했답니다.

디올 립글로우는 립밤처럼 촉촉한데 바르면 입술이 은근하게 붉어져요. 딱 얼굴에 생기를 불어넣을 정도로 발색돼서 피부톤에 상관없이 대부분 잘 어울리는 듯합니다. 저는 지금도 항상 립글로우를 주머니에 넣고 다닌답니다. 정가는 42,000원인데 대부분 인터넷이나 면세점을 통해 조금 더 저렴하게 구입하더라고요. 요즘에는 '립글로우 저렴이' 버전도 시중에 많이 나왔으니 비교해본 뒤 선물하세요.

– 선크림

출산 후 친구들에게 가장 많이 들은 말이 이거였습니다. "피부과에 가야겠다." 아기 피부까진 아니었지만 트러블과 잡티 가리느라 애써야 할 정

돈 아니었거든요. 그런데 애 낳고 나니까 기미와 주근깨가 양쪽 광대에 뿌리를 내렸습니다.

피부 탄력도 떨어져서 눈을 크게 뜨면 이마에 주름 세 개가 물결쳐요. 가끔 거울 보다 깜짝 놀라곤 했습니다. 단지 내 몸에서 애 하나가 나갔을 뿐인데, 어쩌다 이렇게 됐을까. 게다가 뭘 여유롭게 바르고 관리할 시간이 없어서 피부가 더욱 상하는 것 같아요.

유명한 피부과 의사가 말했습니다. 선블록만 잘 발라도 피부 노화를 늦출 수 있다고요. 이때 선블록은 자외선 차단지수(SPF) 50 이상이어야 효과가 있다고 합니다. 선블록도 제품이 워낙 다양해서 고르다가는 결정장애가 올 것만 같아요.

저는 '화해(화장품을 해석하다)'라는 애플리케이션을 참고했어요. 유해성분 적고 후기 좋은 걸 찾아서 골라 쓰곤 합니다. 시간 없어서 재빨리 골라야 할 때 유용한 앱이더군요. 아! 그리고 엄마들은 꼼꼼히 클렌징할 시간이 없어요. 폼클렌징만으로도 깨끗하게 씻겨나가는 제품이 좋을 듯하네요.

홍현진 추천

– 모자

신생아 시절, 외출 준비하는 게 일이었어요. 일단 머리 감는 거 자체가 미션이에요. 나도 준비해야 하고, 애 준비도 시켜야 하고, 기저귀 가방에

챙길 건 왜 이렇게 많은지. 그러다 딱 나가려고 하는데 애가 똥까지 싸면…. 애도 울고 나도 울고. 외출하기도 전에 진이 다 빠집니다.

그럴 때 가장 유용한 게 바로 모자! 여기서 포인트는 '머리 안 감아서 썼구나.'라는 티가 안 나게 스타일도 챙겨야 한다는 것. 저는 니트 소재의 벙거지 모자랑 캡 모자를 인터넷 쇼핑몰에서 사서 번갈아가며 썼어요. 후줄근한 몰골은 숨기기 어려워도 떡진 머리는 숨길 수 있으니 대만족!

– 양말

모자가 취향을 탈 것 같다면 양말은 어떨까요. 사실 양말은 내 돈 주고 사기 아깝잖아요. 내 돈 주고는 절대 사지 않을 것 같은 예쁘고 귀여운 양말을 선물로 받으면 신을 때마다 기분이 좋아지더라고요. 남들에게는 잘 안 보이지만 뭔가 양말 하나로 스타일리시 해진 것 같고. 기분전환도 되고요.

봉주영 추천

– e북 리더기

아이를 낳은 후 아이와 저는 거의 한 몸과 다름없었어요. 곤히 잠든 아이를 옆에 두고 소파에 앉아 책을 본다거나 음악을 듣는 건 정말 꿈같은 이야기죠. 아이가 누워서 자는 아름다운 장면은 개나 줘야 해요. 애가 엄마한테서 안 떨어지거든요. 그나마 애를 안은 채로 소파나 벽에 기대어 눕는 걸 아이가 허락하는 것만으로도 엄마에겐 행운이죠. 밤잠을 재울 때도 마찬가지에요. 작은 빛 때문에 깰까 이불 안에 숨어 휴대폰도 겨우 해요.

이런 엄마의 시간을 조금이나마 의미 있게 해줄 수 있는 e북 리더기를 선물로 추천해요. 제품별로 가격대는 천차만별인데 저는 크레마 사운드를 10만 원 정도에 구입했어요. 어두운 방에서도 책 읽기가 가능하고 불빛이 휴대폰보다 덜 밝아서 좋았어요. 수유하거나 아이가 낮잠 잘 때도 간편히 작동 가능해서 유용했어요.

엄마의 영화

최인성

「임신한 당신이 알아야 할 모든 것」

환상 와장창

내가 임신과 출산을 경험하기 전에 이 영화를 봤다면, 하루가 멀다 하고 뒤져봤던 그 어떤 후기보다 도움이 됐을 텐데. 왜 아무도 이렇게 힘들 거라고, 이렇게 치욕스러운 경험까지 하게 될 거라고 말해주지 않은 걸까.

임신과 출산은 아름답고 경이로운 경험이지만 고통도 비례한다. 아니, 오히려 몇 배 이상. 하지만 그 고통의 순간들은 사랑스러운 아이의 웃음 뒤로 잊히곤 한다.

이 영화는 그렇게 잊혀가는 임신·출산(+약간의 육아)의 고통을 여실히 보여준다. 어떤 실용서나 대백과보다도 현실적이고 적나라해 매 장면에서 무릎을 치게 만든다. 하지만 호러영화는 아니다. 로맨틱 코미디답게 이 과정을 유쾌하게 그려내면서도, 부모가 오롯이 감당해야 하는 고통과 고민을 설득력 있게 보여준다.

동명의 베스트셀러 도서에서 영감을 받아 만든 「임신한 당신이 알아야 할 모든 것」은 난임, 원 나잇 스탠드, 입양, 속도위반 등 다양하게 아기를 맞이하는 다섯 커플의 이야기를 담고 있다.

아기를 기다리는 커플이 꼭 함께 보면 좋을 영화, 이 영화의 추천 포인트 세 가지를 소개한다.

1. 임신 완전 구려!

모유수유 부티크를 운영하는 웬디는 2년간 아기를 갖기 위해 노력한 끝에 기적적으로 자연 임신한다.

심한 입덧과 호르몬으로 인해 요동치는 감정 기복, 시도 때도 없는 생리현상 등을 겪지만 애써 모든 게 아름다운 과정이라 생각하며 인내하는 웬디.

엎친 데 덮친 격이랄까, 하필 시아버지의 새 배우자도 쌍둥이를 임신한다. 경제적으로 여유롭고 며느리보다도 젊은 시어머니의 임신은 우아하기만 하다. '유니콘 임산부'같은 모습에 열폭 다반사!

그러던 어느 날 웬디는 '신성한 베페'의 기조 연설자로 무대에 오른다. 심신이 지친 상태였지만 "임신 경험은 마법 같은 행복한 기적"이라고 애써 말문을 연다. 그러나 결국 웬디는…. 폭발하고 만다.

> *"이거 전부 다 개소리예요. 임신 정말 구려요. 사람 하나 만드는 거 정말 힘들다고요."*

핵사이다! 아름다운 D라인, 배 속의 아이를 생각하며 늘 행복한 미소를 짓는 엄마 등 현실과는 너무나 동떨어진 '임신 환상'을 와장창 깨주는 인상적인 장면이다. 임신을 겪어본 이라면 누구나 공감할 명언이 아닐까?

웬디의 폭발은 혼란스럽고 지난한 임신 과정으로 심신이 지친 커플들에게 통쾌함과 위로를 전한다.

2. 준비 같은 건 없어

임신이 어려운 홀리와 알렉스는 입양을 하기로 한다. 하지만 막상 입양 시기가 다가오자 혼란스러워진 알렉스는 홀리의 친구가 추천한 '육아빠 모임'에 등 떠밀려 나가게 된다.

아기띠와 유모차를 풀장착한 네 명의 아빠가 위풍당당하게 등장하는 장면에선 절로 탄성이 나온다. "Welcome to happy world"를 무심히 뱉는 애가 넷인 아빠의 시크함이라니!

솔솔 풍겨오는 육아 고수 스멜.

이들은 알렉스가 아기를 맞이하기 전, 준비할 시간이 필요하다고 하자 너무나 현실적인 조언을 남긴다.

"그런 준비 같은 건 없어. 그저 달리는 열차에 뛰어들어서 버티는 것일 뿐이야."

아기를 맞이하는 것은 갑작스러운 경험이다. 임신·출산·육아는 왕도나 완벽한 매뉴얼이 없어서 아무리 준비하고 준비해도 모자라다. 부모는 그저 현실을 받아들이고 뛰어들어 최선을 다하는 수밖에 없는 것이다.

또 이들은 애가 기저귀 교환대에서 떨어졌다는 둥, 담배를 먹었다는 둥, 변기에서 수영을 하고 있었다는 둥의 이야기를 늘어놓으며 알렉스를 기겁하게 만든다. 하지만 이어 "이런 일들은 일상다반사"라며 "서로를 비난하지 않는 게 이 모임의 원칙"이라고 강조한다.

정말 중요한 원칙이다. 갑작스러운 변수의 연속인 육아를 대하는 고수들의 현명한 자세. 아무리 애를 써도 막을 길이 없고, 누구를 탓할 수도 없는 것이 바로 육아다. 예비 부모들에게 꼭 필요한 조언이 아닐까 싶다.

3. 무통주사 내놔!

또 웬디. 완벽이 존재하지 않는 임신·출산에서 완벽을 꿈꾸는 웬디이기에 시련도 참 많다. 웬디의 '완벽한' 출산 계획에는 '무통주사 없는 자연분만'도 포함됐다.

무통주사를 권하는 의료진에게 '내가 애한테 약 줄 사람처럼 보이냐'며 단호히 말하고, 남편 개리에겐 '혹시 내가 주사를 맞겠다고 하면 그건 헛소리'라고 신신당부한다. 하지만 진통이 본격적으로 시작되자 자신을 말리는 개리에게 시원하게 귀싸대기를 갈기며 당장 무통주사를 대령하라고 소리치고 만다.

"개리! 당장 무통주사 가져다줘! 정말 필요해. 무통주사 없인 돌아오지 마!"

'완벽한' 출산을 계획했던 웬디는 긴 진통 끝에도 아기가 나오지 않아 결국 제왕절개 수술을 하게 된다. 수술을 해야 한다는 의사의 말에 너무나 실망했던 웬디는 수술 이후에도 과다 출혈로 응급조치를 받는다.

안타깝지만 예상하지 못한 상황이 벌어지는 게 임신과 출산의 현실이다. 누군가는 무탈했지만 다른 누군가는 목숨을 거는 일. 완벽의 기준도 없으며 계획대로 되지 않았다고 해서 틀린 것도, 잘못된 것도 아님을 다시 한 번 상기시켜 주는 장면이다.

이외에도 하룻밤 잠자리로 임신과 유산을 겪는 로지가 파트너를 향해 던지는 절망스러운 대사 "널 볼 때마다 죽을 것 같아." 셀럽 헬스 트레이너라 임신한 몸에 솔직해질 수 없는 줄이 답답함을 토해내며 뱉는 대사 "제발 내가 원하는 것도 물어봐 줘!" 등도 가슴에 콕콕 박힌다.

옴니버스식 로맨틱 코미디 영화인 특성상 아쉬움도 남는다. 속도위반, 엄마의 커리어, 불임 등 깊이 다루지 못한 이슈도 있었고 조금은 뻔한 스토리 구성 때문에 완벽한 영화라고 평가하긴 어렵다.

그럼에도 불구하고 「임신한 당신이 알아야 할 모든 것」은 아기를 기다리는 커플들이 유쾌하게 마음의 준비를 할 수 있게 도와주는 실용서 같은 영화임은 분명하다. 가벼운 마음으로 보되 조금은 무겁게 받아들이면 좋을 영화.

2012년 영화인데 한국에선 개봉하지 않았다. (이렇게 좋은 영화를!) 유튜브에서 유료로 자막판, 더빙판을 볼 수 있다.

이런 사람들에게 추천

☞ 아기를 맞이하는 것에 막연한 두려움을 갖고 있다면
☞ 임신·출산·육아가 힘든데 왜인지 모르겠다면
☞ 꿈꿨던 임신·출산·육아와 현실의 괴리 때문에 힘들다면

엄마도 엄마만의 시간이 필요해

3부

육아편

1. 수면교육, 정말 필요한가?

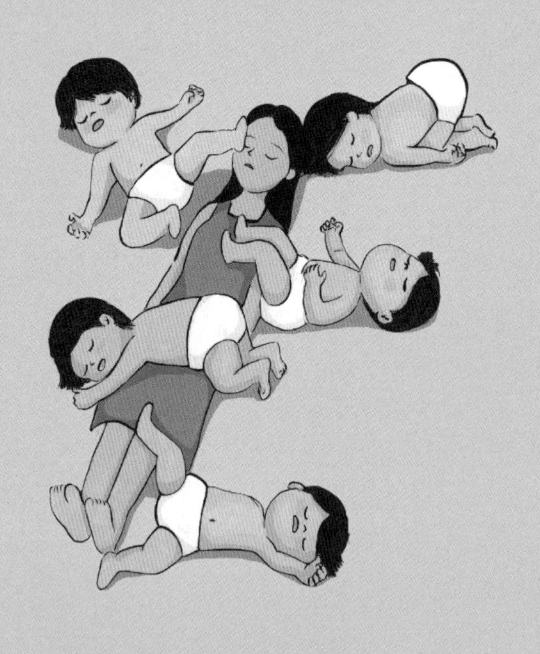

침대의 중심에서 도를 닦는다

왜 나는 수면교육에 실패했나?

'수면교육'을 아시나요? 아이를 낳고 집에 돌아와 첫 지옥을 맛보면 자연스레 이 네 글자를 찾게 됩니다.

'제 몸도 못 가누는 아기에게 웬 교육? 너무 극성스러운 거 아냐?'

혹시 인상을 찌푸리며 그렇게 생각하고 계신가요? 이해해요. 저도 그랬으니까요. 수면교육의 목표는 간단합니다.

아이가 스스로 잠드는 습관을 만든다.
엄마가 안거나 업어서, 또는 젖을 물려서 재우지 않아도 스스로 '꿀잠'에 빠지도록 가르친다. 아이가 좀 울어도 바로 안아주지 않고 스스로 자는 방법을 터득할 때까지 기다려준다.

산후조리원에서 생활할 때 친구 소개로 수면교육의 존재를 처음 알았습니다. 그땐 전혀 공감하지 못했어요. 팔뚝만 한 갓난아기 안는 게 뭐가 힘들다고 굳이 울려가면서 눕혀 재우나 싶었거든요. 저의 어마어마한 착각이었죠.

왜 누워서 자지 못하니?

모녀가 함께 처음 집으로 온 날. 분유 먹다 잠든 아기 모습이 너무 예뻐서 20분 정도 안고 있는데 팔이 저렸습니다. 4kg이 될까 말까 하는데도 오래 들고 있으니 힘들었어요. 깨지 않도록 아주 조심스럽게, 깃털이 살포시 가라앉듯 아기침대에 내려놨어요.

이게 웬걸. 아기는 자기 등이 바닥에 닿는 순간 팔을 휘저으며 울기 시작했어요. 일명 '등센서' 발동! 서둘러 안아 토닥여주니 다시 자더군요. 이제 됐겠지 싶어 눕혔는데 얼마 안 가 깨고 또 깨고를 반복했어요. 아기를 계속 안고 있어야 하니 화장실도 편히 못 가고 밥도 제대로 먹지 못했습니다.

그날 밤. 저와 남편은 침대에 누웠지만 눈을 감지 못했어요. 긴장됐거든요. 바로 옆 아기침대에 누운 아이가 배고프다고 우는데도 못 깨어날까 봐요. 그렇게 걱정했지만 우린 너무 쉽게 잠이 들었고, 한 시간도 안 돼 눈을 떴습니다. 애가 울어서요. 우는 소리가 커서 깨지 못할 일은 없더라고요.

자기 직전에 수유를 했기 때문에 분유를 먹일 순 없었습니다. 조리원에서 두 시간 간격으로 먹여야 한다고 배웠거든요. 기저귀도 깨끗했어요. 안아서 토닥여주니 아기는 금세 잠들었어요. 10분이 지났을까요. 너무 졸려서 아기침대에 눕혔는데 또 등센서 발동. 다시 아기를 안은 채로 어른 침대에 기대앉아 꾸벅꾸벅 졸았습니다. 그렇게 눕혔다 안기를 몇 번 반복하니 방 안이 서서히 밝아졌습니다. 뜨는 해를 보며 저도 모르게 읊조렸습니다. '망했다.'

밤에 두 시간도 채 못 자서 눈꺼풀이 계속 감기는데, 남편이 출근한 동안 혼자 잠을 참으며 애를 돌봐야 하는 상황이 지옥처럼 느껴졌어요. 그런데 앞으로 기약 없이 매일 이렇게 살아야 한다니. 앞이 캄캄하더군요. 산후조리원에서는 두세 시간에 한 번 안을까 말까 해서 잘 몰랐는데, 100% 실전에 돌입해보니 완전 딴판이었던 거죠.

엄마는 울음 감별사?

곧바로 온라인서점 앱을 열어 친구가 추천해준 수면교육 관련 책을 주문했습니다. 안지 않고 애를 키우기 위한 여정은 그렇게 시작됐습니다. 책이 도착한 날부터 새벽마다 스탠드 아래서 줄그으며 공부했고, 깨알같이 메모하며 원칙을 익혔어요.

첫 번째, 눕혀서 재우기. 아이가 스스로 누워서 자는 법을 익히도록 가르쳐주면 돼요. 아이가 배고프거나 불편할 때의 울음소리가 아니라면 우는 걸 기다려줄 수 있어야 하죠. 이론은 대강 이렇습니다. 저도 책에 나온

대로 하품하는 아기를 침대에 눕히고 쿨하게 “잘 자”라고 인사한 뒤 방을 나왔습니다.

아기는 소화전 사이렌 울리듯 곧바로 울음 태세에 돌입했어요. 침착해지려 했어요. 괜찮아. 아기의 울음은 커뮤니케이션 수단일 뿐이야. 쿨하지만 진지하게 관찰하고 기다려보자. 당장 뛰어가서 확인해보고 싶은 마음을 누르고 대기했어요. 너무도 긴, 지옥 같은 시간이었어요. 10분 정도 지났을까 싶어 시계를 보니, 겨우 2분이 지났네요. 진땀이 줄줄 났어요.

책에서는 아기의 울음을 엄마가 감별해내야 한다고 했어요. 졸려서 그냥 칭얼거리는 건지, 아니면 배가 덜 차서 우는 건지, 기저귀가 젖어서 우는 건지 소리로 메시지를 읽어내야 한대요. 잘 들어보면 ‘와앙, 와앙’, ‘아아아~’, ‘켁, 켁, 와앙~’ 같은 차이가 느껴진다는데, 아무리 귀 기울여도 다 똑같이 들렸어요. 내가 하다하다 아기 울음 감별사 노릇까지 해야 하다니. 헛웃음만 나왔어요.

원칙 두 번째. ‘먹놀잠’ 패턴 맞추기. 정해진 시간 간격에 따라 먹이고, 놀아주고, 재우는 게 핵심이에요. 그래야 아이가 성장에 필요한 수면시간을 충분히 채울 수 있고, 수면교육의 핵심인 ‘꿀잠’을 선물해줄 수 있어요.

어느 날은 아이가 정해진 먹놀잠 패턴대로 물 흐르듯 잘 따라줬어요. 그런 날은 능력 있는 엄마가 된 듯해 기분이 좋았어요. 문제는 패턴에 어긋나는 날이었습니다. 생각한 대로 흘러가지 않으면 내가 뭔가 잘못한 걸까 싶어 불안해졌어요.

한 시간 놀고 두 시간 자야 다음 시간에 딱 맞춰 분유를 먹일 수 있는데, 아기가 잠든 지 한 시간 반 만에 깨어나는 날도 있었어요. 배가 고픈지 손가락을 빨며 훌쩍이더라고요. '안 되는데. 딱 3시간 간격 맞춰야 하는데.' 아기는 얼른 우유를 달라며 울었고, 저는 초조함에 시계만 바라보며 손톱을 뜯었던 기억이에요. 원래는 제가 편하자고 시작한 수면교육이었는데, 도리어 제가 그 원칙에 얽매여 자유를 잃은 것 같았어요.

내가 실패한 이유

그렇게 공을 들여온 수면교육은 두 돌을 기점으로 와르르 무너졌습니다. 갖은 방법과 아이템(feat. 쪽쪽이)을 써서 어찌 됐건 누워서 재워왔는데, 갑자기 밤마다 안아서 재워달라고 떼를 썼어요. 우는 아이를 한 시간 넘게 지켜보고 설득해봤는데도 소용없었어요. 어쩔 수 없이 '누워서 자야 한다.'는 원칙은 잠시 내려뒀습니다. 마음이 복잡했어요. 뜻대로 따라와 주지 않는 아이가 밉기도 했고, 그 고생을 했는데 이제 와서 안아 재우는 것도 허무했어요.

지금 돌이켜보니 제가 중요한 변수를 놓치고 있던 것 같아요. 말 못하는 아기도 결국 사람이잖아요. 기계나 수학공식이 아니기 때문에 투입 대비 산출이 정확하지 않을 수밖에 없어요. 어른도 그렇잖아요. 어느 날은 평소보다 일찍 배가 고프기도 하고, 쉽게 잠들지 못하기도 하고. 아기도 컨디션에 따라 다를 수 있다는 걸 그때의 전 몰랐죠.

수면교육뿐만 아니라 밥상머리 교육도 실패로 돌아가면서 확실히 깨달았어요. 생후 6개월 이후에 이유식을 시작하면서 아이가 식탁의자에 앉아 얌전히 먹는 습관을 길러주고자 했어요. 처음엔 잘 따랐는데, 걷기 시작하면서부터 실패했어요. 아기가 맨날 의자에서 탈출했거든요. 저희 아이는 앉아서 밥 먹는 욕구보다 재밌는 걸 찾아 탐험하는 호기심이 더 강했어요. 그때 결론을 내렸죠. 먹고 놀고 자는 건 부모가 주도할 수 있는 일이 아니구나. 아이와 함께 호흡을 맞춰 가야 하는 영역이구나.

수면교육 자체가 잘못됐다고 생각하진 않아요. 정해진 계획대로 흘러가야 한다고 전제를 못 박아둔 제 마음이 문제였을 뿐이죠. 아이의 하루가 예측한 대로 흘러가지 않아도 그걸 유연하게 받아들일 수 있어야 했는데, 그때의 전 어긋남을 받아들이지 못해 스트레스를 받았어요.

그래도 아이가 만 세 살을 넘기니 저도 이젠 좀 의연해진 듯합니다. 아이가 침대에 누워서 잠들지 못하는 날에는 안아서 달래주거나 좋아하는 소파에서 자도록 해주기도 해요. 이제야 모녀 모두 편한 육아 방식을 조금씩 찾아가는 것 같아요.

육아에는 정답이 없다

이 글을 쓰면서 당시 읽었던 책을 다시 봤습니다. 그때는 스쳐 지나갔던 내용들이 새롭게 눈에 들어왔어요.

책에서는 수면교육법을 전하면서도 '어떤 방법이든 관건은 엄마 마음이 편해야 한다는 것'이라고 전제를 달았어요. 육아에는 '정답'이 없으며, 부모만의 철학이 가장 중요하다는 뜻이죠.

비슷한 또래의 아기를 키우는 회사 선배네 놀러간 적이 있어요. 수면교육을 따로 하지 않은 그 선배는 소파에 앉아 아이를 무릎에 재우면서 책을 읽고 있었죠. 수면교육을 하는 저보다 더 여유롭게 자기만의 시간을 즐기고 있는 모습이었습니다. 그 선배는 자기만의 철학과 방식대로 육아를 하고 있던 거예요.

엄마들이 더 즐겁게 아이를 키웠으면 합니다. 자기만의 철학과 방식으로.

님아,
그 수면교육 하지 마오

잠, 이라고 쓰면 깊은 한숨과 함께 눈물이 핑 돕니다. 아이가 태어난 후 잠, 그놈의 잠 때문에 고생했던 시간이 스쳐 지나가네요.

생후 한 달쯤 됐을 때예요. 순하게 잘 자던 아이에게 갑자기 그분이 오셨어요. 무시무시한 공포의 등.센.서. 잠든 아이를 침대에 눕히려고 하면 아이는 바로 깼어요. 등이 바닥에 닿는 느낌을 없애기 위해 옆으로도 눕혀보고 푹신한 베개를 받혀보기도 했지만 소용이 없더라고요.

그때부터 아이와 저는 한 몸이 되어야 했어요. 아이 낮잠 시간에는 밥도 못 먹고 화장실도 못 갔어요. 잠든 아이를 배 위에 올려놓고 같이 자거나 스마트폰 보는 것 외에는 할 수 있는 일이 없었죠. 아이라는 감옥에 갇힌 것 같았어요.

잘 먹고 잘 노는 아이는 유난히 잘 때 예민했어요. 등센서 최강에, 3시간의 낮잠을 심할 때는 5~6번 나눠서 토막토막 잤어요. 그때 썼던 수면일지를 찾아볼까요. 2016년 11월 29일. 아이가 태어난 지 5개월쯤 됐을 때네요.

6시 30분 : 기상

8시 10분 : 낮잠1(30분)

10시 15분 : 낮잠2(30분)

오후 12시 40분 : 낮잠3(40분)

오후 3시 50분 : 낮잠4(50분)

오후 6시 : 낮잠5(1시간)

오후 8시 : 밤잠

아… 다시 봐도 한숨 나오네요. 보통 순하게 잘 잔다는 아이는 낮잠을 오전에 한 번, 오후에 한 번, 총 두 번 자요. 그걸 저렇게 나눠서 잔 거죠. 일지에 안 쓴 게 있어요. 바로 재우는 시간. 잠투정하는 아이를 1시간 동안 땀 뻘뻘 흘리며 어르고 달래서 겨우 재웠는데 30분 만에 눈을 딱 떴을 때 당혹감이란(feat. 분노).

그래도 아이는 처음에는 밤에 통잠을 잤어요. 밤에는 제 시간도 갖고 쉴 수 있었죠. 그런데 백일의 '기절'이 찾아왔어요. 밤에도 깨고, 깨고 또 깼어요. 감기, 이앓이 등으로 컨디션이 안 좋을 때는 30분, 1시간에 한 번씩 깨기도 했어요. 토닥토닥하면 잠들 때도 있지만 울고불고 한참을 못 자기도 했어요. 아이를 겨우 재워놓고 나면 정작 저는 잠이 확 달아나 잠들지 못했어요.

수면교육은 생후 6주부터?

이쯤 되면 누군가 말할 거예요. 그럼 수면교육 해야 하는 거 아냐? 수면교육이 필수라고 주장하는 책에는 이렇게 나와요. '아기의 잠투정은 당연하고, 크면 다 잘 자게 될 테니 참고 기다리라.'는 말은 잘못됐다고요. 아기가 스스로 일찍부터 푹 자는 것은 아주 중요하고 수면은 아기들의 신체, 정서, 인지 기능에 영향을 미친다고요. 심지어 어릴 때 잘못 형성된 수면습관은 성인기까지 지속될 수 있다고. 그러니 어릴 때부터 훈련을 통해 수면습관을 바로 잡아주는 게 중요하다고요. 이 책 뒷면에는 이렇게 적혀 있었어요.

'잘 자는 아이들은 머리도 좋고 성격도 좋습니다.'

생후 3~4개월까지 수면교육을 마스터해야 한다는 또 다른 책에서는 이렇게 말해요.

'수면은 교육입니다. 어릴 때부터 잠자는 법을 가르치지 않으면 두고두고 잠버릇이 엉망이 됩니다.'

덜컥 겁이 났어요. 지금 수면교육을 하지 않으면 아이가 머리도 나빠지고 성격도 나빠지고 건강도 나빠지고 심지어 어른이 돼서도 잠 때문에 고생하게 된다는 거잖아요. 제가 뭔가 잘못하고 있다는 생각이 들었어요.

수면교육 전문가들은 말했어요. 아이들의 뇌는 유연해서 훈련받은 대로 새겨지게 된다고, 생후 6주부터 수면교육을 시작하면 좋다고요. 인터넷에는 수면교육 성공기가 넘쳤어요. 아이가 우는 게 마음 아프기는 했지만 그 고비를 넘겼더니 통잠에 성공했고 광명이 찾아왔다는 증언들.

그런 이야기를 읽고 있자니 마치 수면교육을 하지 않으면 마음 약해서 아이를 망친 엄마가 될 것 같았어요. 한편으로는 '이렇게 확실한 방법이 있는데 왜 안 해서 애도 엄마도 고생해?'라고 나를 질책하는 것만 같았죠.

수면교육은 아이의 울음을 동반할 수밖에 없어요. 젖을 물리거나 안아서 재워달라는 아이를 혼자 재우려면 아이는 당연히 울게 되니까요. 전문가들은 말해요. 아이의 울음이 나쁜 것만은 아니라고. 수면교육 과정에서 아이가 울어도 그건 슬퍼서 우는 게 아니라 고집부리느라 우는 거기 때문에 정서적으로 문제가 되지 않는다고요. 오히려 아이가 울면서 긴장감을 해소하고 스스로 진정할 수도 있다고요.

네. 이론적으로는 무슨 말인지 알겠어요. 머리로는요. 하지만 아무리 생각해도 아이를 울려서 재운다는 게 마음으로 받아들여지지 않았어요. 이렇게 작은 아이에게 무언가를 '교육'하고 '훈련'한다는 것도요. 그건 남편도 마찬가지였어요(수면교육 하시는 분들 비난하는 건 아니에요. 저와 남편의 가치관이 그랬다는 것뿐이에요).

실제로 몇 번 시도를 해봤지만 도저히 안 되겠더라고요. 아이가 혼자 잘 수 있도록 방문을 닫아 놓고 나오면 꺼이꺼이 넘어갈 듯한 아이 울음소리가 들렸어요. 아이에게 미안해서 울고, 내가 불쌍해서 울고, 나는 왜 이렇게 마음이 약한 걸까 자책하며 울고, 이웃집에서 신고하지 않을까 걱정돼서 울고…. 며칠 해보다가 바로 그만뒀어요.

나만의 수면교육

그 후에도 수면교육의 유혹은 수시로 찾아왔어요. 아이가 밤잠까지 못 잘 때면 더욱 그랬죠.

좀처럼 자기 어려워하는 아이를 안고 있으면서 머릿속은 분주해진다. 뭐가 잘못된 걸까. 아니 더 정확히는, 내가 뭘 잘못한 걸까. 인터넷 검색을 해보면 수면교육이 답이라는데. 엄마가 독하게 울려야 한다는데. 그렇게 못하는 나와 남편이 잘못된 걸까. 낮에 계속 안아서 재우니까 밤까지 등센서가 켜진 게 아닐까. (아이) 피부가 많이 간지러운 것 같던데 (내가) 밀가루를 다시 먹기 시작한 게 잘못인 걸까(주 : 당시 모유수유를 하고 있었어요). *아이가 저렇게 예민한 게 잠을 잘 못자는 게 혹시 날 닮아서 그런 건 아닐까.*

- 생후 6개월 육아일기

아이 잠 문제는 엄마의 죄책감을 끊임없이 자극해요. 내가 뭘 잘못해서 아이가 잘 못 자는 게 아닐까, 내가 지금 수면교육을 제대로 하지 않아서 아이에게 안 좋은 영향이 가는 게 아닐까, 이러다 아이 잠버릇이 영영 엉망이 되는 게 아닐까.

아이 잠 문제로 육체적으로나 정신적으로나 충분히 힘들면서도 저는 제 자신의 잘못을 묻고 또 물었어요. 아이의 수면 패턴 하나하나에 예민하게 반응하면서 인과관계를 찾으려 애썼고, 종종 아이를 원망했어요. 대체 누구를 위해서 그랬을까요. 제 나름대로는 정말 최선을 다하고 있었고, 아이도 잘 못 자고 싶어서 못 자는 게 아닌데 말이에요.

그러다 저보다 일찍 결혼해서 세 살 터울 아이 둘을 키우는 친구를 만났어요. 친구는 둘째가 저희 아이처럼 등센서가 너무 심했는데 아기띠만 하면 내리 3시간 동안 낮잠을 잤다고 했어요. 수면교육, 그런 건 잘 모르겠고 자기는 그냥 3시간 동안 아기띠 하고 밥도 하고 화장실도 갔다고요. 그랬더니 어느 순간부터 아이는 낮에도 밤에도 잘 잔다고 했어요. 친구는 애도 편하고 엄마도 견딜 수 있는 자신만의 방식을 찾은 거예요.

저도 저만의 방식을 찾기로 했어요. 머릿속에서 '수면교육'과 '통잠'을 지우기로 했어요. 어설픈 수면교육 시도했다 말았다, 할까 말까 고민하는 건 아이에게도 저에게도 못할 짓이었어요. 낮에 몇 번 잤는지, 밤에 몇 번 깼는지 새는 일도 그만뒀어요. 생후 6개월 이후부터는 수면일지가 없는 걸 보니 그때쯤이었던 것 같아요.

아이가 낮잠 들면 굳이 눕히려 하지 않고 그냥 품에 안고 재웠어요. 아이 재우는 것도 가뜩이나 힘든데 침대에 눕혔다 깨면 다시 재웠다… 씨름하는 시간을 없앴어요. 그냥 아이가 자고 싶은 대로 재우기로 했어요. 아이는 예전보다 더 오래 자기 시작했어요.

소파에 기대앉아서 아이를 배 위에 올려놓고 저는 책을 읽었어요. 스마트폰 메모장을 열어 글을 썼어요. 아이 낮잠 시간을 제 자신에게 의미 있는 시간으로 만드니 더 이상 낮잠 시간이 괴롭지 않더라고요. 오히려 다음 낮잠 시간이 기다려졌어요. 밤 시간에는 아이 재우면서 팟캐스트를 들었고, 아이가 깨면 옆에 누워서 토닥이며 어둠 속에서 전자책을 읽었어요. 아이 잠에 대한 집착과 불안을 다른 곳에 대한 관심으로 돌렸어요.

또 하나. 이 아이는 잘 때 예민한 아이라는 걸 인정하기로 했어요. 사실 저부터도 잘 때 매우 예민한 편이거든요. 재밌는 건 아주 어릴 때는 엄청 잘 잤다고 해요. 세 살 잠버릇이 꼭 여든까지 가는 건 아닌 듯해요.

시간은 가고 아기는 자란다

『느림보 수면교육』(이현주|폭스코너)이라는 책에는 이런 구절이 나와요.

> *안아주거나 젖을 물려야만 잠을 잔다 해도 너무 걱정하지 않아도 된다. 일관성이 중요하다 하더라도, 목표를 향해 가고 싶더라도, 감이 잡힐 때까지는 수도 없는 시도를 해야 한다. 아기를 잘 재우는 일뿐 아니라 그 어떤 일도 마찬가지다. 그러니 너무 자책하지 않아도 된다. 혼자만 겪는 일이 아니다. 말을 못 해서 그렇지, 지금도 똑같이 겪고 있는 이들이 많다. 이것도 지나간다. 시간은 가고 아기는 자란다.*

'시간은 가고 아기는 자란다.' 이 말에 진하게 밑줄을 그었어요. 아이 잠 때문에 힘든 순간마다 이 문장을 떠올렸어요. 이 순간이 결코 영원하지 않다고. 아이는 수시로 변하고 있고 매일매일 자란다고. 이 또한 지나갈 거라고.

아이의 잠은 분명 점점 나아지고 있었어요. 그동안 누워서 자는 '통잠'에 매달리느라 아이가 조금씩 이룬 성취들을 놓쳤을 뿐이죠. 아이의 잠이 100점 맞아야 하는 시험도 아니고, 누가 누가 잘 자나 대회에 나갈 것도 아닌데 말이에요.

아이의 잠이 얼마나 사람을 미치게 만드는지 잘 알아요. 피곤해서 죽을 것 같은데 아이가 밤에 계속 깨서 울던 어느 밤, 저도 미친 사람처럼 소리 지르며 같이 울었어요. 이 지옥이 대체 언제 끝나나 싶었죠. 내일 밤이 오는 게 두려웠어요. 그렇게 힘들 때면 수면교육을 시도해 볼 수도 있다고 생각해요. 지푸라기라도 잡는 심정으로요.

하지만 육아서에 나오는 것처럼 수면교육을 시도하지 않는다고 해서, 성공하지 못했다고 해서 나쁜 엄마, 아이를 망치는 엄마가 됐다는 죄책감을 갖지 말았으면 해요. 아이를 푹 재우고 싶지 않은 엄마는 세상 어디에도 없어요. 당신은 충분히 힘들고, 이미 최선을 다 하고 있어요.

아이는 저마다 다르고 아이를 재우는 방법에는 수십, 수백 가지 방법이 있을 수 있어요. 아이와 엄마 자신에게 맞는 방법을 찾았으면 해요. 아이도 엄마도 너무 힘들지 않은 방식으로요.

마법에 속지 마시라. 수면교육을 하는 백 명의 엄마가 있다면, 수면교육을 하는 백 가지의 방법이 생기는 것이다. 한 전문가가 추천한 방법을 가지고도 이를 실행하는 방법은 다를 수 있다. '정확한' 방법에 연연할 필요가 없다.

아이의 등센서는 생후 9개월쯤 놀랍게도 꺼졌어요. 두 돌쯤 지나자 밤잠도 자리를 잡았어요. 대신 다른 위기가 또 나타났다 사라졌다 했어요.

우유에 집착한다거나, 자기 직전에 엄청 덥고 가려워한다거나, 새벽 5시 반에 번쩍 하고 아침 기상을 한다거나, "더 놀고 싶어!"를 외치며 안 자겠다고 한다거나, 침대에서 한없이 수다를 떨고 장난을 친다거나….

위기를 위기로 극복하면서 아이는 쑥쑥 자라고 있어요. 어떤 날은 잘 잤다, 어떤 날은 잘 못 잤다 하면서요.

엄마의 영화

홍현진

「툴리」

엄마는 누가 돌봐주죠?

감기에 걸린 아이는 컨디션이 좋지 않은지 유난히 떼를 많이 썼다. 어린이집 하원 한번 하는 게 전쟁이다. 친구 집 따라가겠다, 외투 안 입겠다, 징징대는 아이를 간신히 달래 문밖으로 나왔다. 문 앞에서 같은 어린이집 아빠를 만났다. 안녕하세요, 인사하니 놀란 표정으로 나와 아이를 바라본다.

"아니, 그런데 애가 왜 맨발이에요?"

맙소사. 신발을 안 신겼네. 다시 어린이집 현관에 갔더니 신발장에서 분홍색 신발을 꺼낸다. 한눈에 보기에도 사이즈가 크다. 다른 누나 신발인가 보다. 애는 말을 안 듣고 나는 정신이 나갔고. 화가 불쑥 올라온다.

"이게 왜 네 신발이야. 이거 누나 신발이잖아. 신발 주인 불러와? 왜 남의 신발을 신어!"

아이를 윽박지르고 겨우 신발을 신겼다. 집에 가는 길에도 아이는 안

걷겠다며 길바닥에 주저앉고 드러눕고. 나는 몇 번이나 심호흡 하고 소리를 지르고. 10분 거리가 30분처럼 느껴진다.

그날 밤 아이는 자다 깨다를 반복했다. 계속 토닥토닥 하다가 나는 아예 잠이 달아나 버렸다. 남편에게 아이를 맡기고 거실로 나왔다. 새벽 3시. 아이가 못 자는 게 아이 잘못도 아닌데, 나는 또 화가 난다. 잠이 부족하고 피곤하니 안 그래도 부족한 참을성이 소멸해 버렸다.

나는 왜 이것밖에 안 되는 걸까. 나는 왜 저 작은 아이에게 이리도 관대하지 못할까. 좋은 엄마는 못 돼도 좋은 사람은 되고 싶었는데. 잠이 오지 않는다.

그렇게 자책하던 날, 영화 「툴리」를 만났다. 나는 많이 울고 또 울었다. 내가 「툴리」를 추천하는 세 가지 이유.

1. 100% 리얼 현실육아

영화의 첫 장면은 만삭의 마를로가 솔로 아들 조나를 마사지 해주는 모습으로 시작한다. 사랑스러운 눈빛으로 서로를 바라보는 엄마와 아이. 화면 가득 햇살이 비친다. 가슴 뭉클하다. 하지만 육아의 아름다움은 잠깐(그럼 그렇지), 곧바로 현실 육아가 이어진다. 맙소사. 애가 하나 더 있다. 전쟁 같은 등원·등교 준비. 시간 없는데 신발 안 신는다고 떼쓰는 아이, 소리 지르는 아이. 엄마는 심호흡 하며 화를 참는다. 그러다 샤우팅 폭발. 이거 어디서 많이 본 장면인데.

8살, 6살 두 아이에 계획에 없던 셋째까지. 남편은 전혀 도움이 안 된다. 마를로는 위태로워 보인다. 게다가 둘째 조나는 예민하고 다루기 어려운 아이다. 유치원에서는 아이를 1대1로 돌봐줄 전담 교사를 고용하라고 한다. 교사를 구하는 것도 돈 주는 것도 모두 마를로가 직접. 벅찬 현실에 마를로는 패닉에 빠진다.

그 와중에 셋째는 울음을 멈출 생각을 안 한다. 모든 게 뒤죽박죽, 내가 통제할 수 없는 것투성이인 일상. 아이도 내 맘 같지 않고 내 맘도 내 맘 같지 않은 육아. 이건 정말 100% 리얼 현실이다. 우는 아이를 카시트에 앉혀 놓고 차 밖에서 외마디 욕을 내뱉는 마를로. 막막함과 답답함이 그대로 전해져 눈물이 났다.

2. 엄마도 돌봄이 필요해

신생아를 키울 때 가장 힘든 건 고립감이었다. 눈 뜨면 젖 먹이고 기저귀 갈고 재우고 우는 거 달래고(+젖 짜고). 밤새 또 젖 먹이고 기저귀 갈고 재우고 우는 거 달래고(+젖 짜고). 단조로운 일상이 반복된다. 아이와 떨어질 수 없으니 외출도 친구와 커피 한 잔도 쉽지 않다. 여기에 마를로는 돌봐야 할 두 명의 아이까지 더 있으니 오죽할까(여기에 전혀 도움 안 되는 남편까지…).

똑같이 아이가 셋이지만 마를로 오빠네 부부의 삶은 여유로워 보인다. 시터에게 아이를 맡기고 우아하게 밥 먹고 취미 생활을 즐긴다. 야간 보모를 구해준 것도 부자인 오빠다. 처음엔 야간 보모 제안을 뜨악해하며 마를로는 말한다. 인생을 하청처럼 맡길 수는 없다고. 혼자서는 벅차지만 남의 손에 아이를 맡기고 싶지는 않은 마음. 마를로의 고민이 이해가 갔다.

그러다 마를로는 지푸라기라도 잡는 심정으로 '야간 보모' 툴리에게 연락한다. 밤에만 아이를 봐주는 보모라니. 게다가 육아도 살림도 베테랑이다. 툴리는 말한다. 나는 아이뿐 아니라 엄마도 돌보러 왔다고. 툴리는 마를로의 손이 되어주고 말벗이 되어준다. 마를로는 생기를 찾아간다.

많은 엄마들이 아이를 낳고 우울감에 시달린다. 나 역시 그랬다. 엄마에게 필요한 건 그렇게 거창한 도움이 아니다. 아이와 엄마를 잠시라도 분리해주고, 힘들지, 괜찮아, 지금도 충분히 잘하고 있다고 말해주는 것. 엄마도 돌봄이 필요하다.

3. 나만 이 모양이 아니었구나

「툴리」는 육아를 아름다운 것으로만 그리지 않는다.

야간보육을 하러 온 툴리는 마를로에게 말한다. 아이가 밤새 자라서 아침이면 달라져 있을 거라고.

아이는 정말 빨리 자란다. 정신을 차려 보면 저만치 커 있다. 그런데 육아의 버거움은 종종 육아의 기쁨을 압도한다. 오늘도 잠든 아이의 얼굴을 바라보며 '좀 더 잘해줄 걸.' 후회한다. 내일이면 또 아이에게 화를 내겠지만.

대부분의 육아 이야기는 '기승전-그래도 사랑해.'로 끝난다. '아이 키우는 게 정말 힘들지만 그럼에도 엄마가 된다는 건 숭고한 일이고 나는 아이를 사랑한답니다.' 하지만 「툴리」는 육아를 아름다운 것으로만 그리지 않는다. 그래서 더 위로가 되었다. 나만 이렇게 힘든 게 아니구나, 나만 이렇게 매일 내 밑바닥을 들여다보는 게 아니구나. 나는 나 자신을 좀 더 보듬어 주기로 했다.

이런 사람들에게 추천

☞ 싱크로율 100%, 현실육아가 궁금하다면(feat. 샤를리즈 테론 현실연기)
☞ 오늘도 '낮버밤반(낮에 버럭하고 밤에 반성한다)' 했다면
☞ 남편에게 육아는 '돕는' 게 아니라는 걸 보여주고 싶다면

엄마는 누가 돌봐주죠?

2. 완벽한 육아는 없다

엄마는 아이를 사랑하고 미워한다

나는 세상에서 나 자신이 가장 소중한 사람이었다. 하고 싶은 일도, 해야 할 일도 늘 많았다. 이런 내가 엄마가 될 수 있을까. 아낌없고 헌신적인 사랑을 아이에게 줄 수 있을까. 세상이 말하는 '모성애'가 내게 없을까 봐 두려웠다.

아이를 낳기 전 마지막으로 읽었던 책은 『모성이란 무엇인가』였다. 모성이란 결코 본능이 아니라 국가의 필요에 의해 생겨난 근대의 산물이라고. 모성애란 감정은 존재할 수도, 존재하지 않을 수도 있고 심지어 존재했으나 사라질 수도 있다고. 책에 밑줄을 그으며 나는 나만의 면죄부를 만들었다.

아이가 태어나자 내게도 모성이라 부를 수 있는 감정이 생겨났다. 살면서 한 번도 경험해 보지 못한 종류의 사랑을 아이에게 느꼈다. 내 생살을 찢고 나온 아이는 내 젖과 시간을 먹고 무럭무럭 자랐다. 그때 깨달았다.

이 아이와 나는 징글징글한 관계가 될 수밖에 없겠구나.

늘 모성애가 샘솟는 것은 아니었다. 아이는 유난히 자는 걸 힘들어했다. 등센서가 심해 생후 9개월까지 낮잠 자는 내내 품에 안고 있어야 했다. 밤에 수십 번씩 깨는 날도 있었다. 아이가 자라면서 고비는 매번 얼굴을 바꿔 찾아왔다. 내 컨디션이 좋을 때는 참을 만했다. 잠이 부족하고 몸이 안 좋을 때는 그냥 이 세상에서 사라지고 싶었다. 아이의 울음도 엄마 찾는 목소리도 모든 게 다 버거웠다.

이기심의 망령

나만 유난히 육아가 힘든 걸까. 나는 아이를 낳을 자격이 없는 사람이 아니었을까. 괜한 욕심 때문에 아이를 낳아서 아이도 나도 고생을 하고 있는 게 아닐까. 죄책감이 수시로 나를 뒤덮었다. 잠든 아이를 보고 있으면 하염없이 눈물이 흘렀다. 아이에게 미안했다. 내가 이런 엄마여서.

아이는 정말 예뻤다. 아이 키우는 건 정말 힘들었다. 두 가지는 결코 상쇄되지 않았다. 예쁜 건 예쁜 거고 힘든 건 힘든 거였다. 그러나 세상은 엄마가 힘들다고 이야기하는 것 자체를 금기시했다. 아이를 위해 자신의 모든 것을 갈아 넣는 엄마. 그렇지 않은 엄마는 개념 없는 엄마, 자격 없는 엄마가 됐다.

엄마로 사는 일과 내 욕망은 자주 충돌했다. 처음 어린이집에 아이를 보내고 아이와 떨어져 있던 30분. 드디어 자유를 얻었다는 해방감과 함께 '내가 이래도 될까?' 하는 죄책감이 밀려왔다. "아직 말도 못 하는 애를 어린이집에 보내?" 주변의 비난은 덤이었다. 모유 수유를 중단했을 때, 시판 이유식을 먹였을 때, 어린이집 보내는 시간을 늘렸을 때, 잠시라도 내 시간을 가지려 아이에게 영상을 보여줄 때. 늘 어디선가 보이지 않는 손이 나를 손가락질하는 것 같았다. 아이보다 내가 먼저인 순간 '이기심의 망령'도 함께 찾아왔다.

> *길리건은 여자들이 추구해야 할 최고의 덕목, 즉 '자기희생'이라는 악의적이고 집요한 믿음이 여자들을 '이기심의 망령'에 시달리게 만든다고 했다. 자신이 이기적이지 않을까 하는 걱정 때문에 욕구를 완전히 매몰시키게 만든다는 것이다.*
>
> *-『빨래하는 페미니즘』(스테퍼니 스탈|민음사)*

이제는 말할 수 있다

엄마가 된 후 끊임없이 '좋은 엄마 콤플렉스'와 싸워야 했다. 아이에 대한 엄마의 양가감정을 다룬 『어머니는 아이를 사랑하고 미워한다』라는 책이 있다. 제목이 너무 공감 가서 사놓고도 나는 이 책을 집안에 몰래 숨겨놓고 읽었다. 이런 제목의 책을 읽는다는 것만으로 '나는 나쁜 엄마'라고 광고하는 것 같았다. 블로그에 육아일기를 쓸 때면 '그럼에도' 늘 내가 아이를 얼마나 사랑하는지 간증하며 마무리했다. 마치 일기 검사받는 초등학생처럼.

엄마로 사는 건 왜 이렇게 힘든 걸까. 잠든 아이를 품에 안고 페미니즘 책과 엄마들의 에세이를 미친 듯이 찾아 읽었다. 밖에서 엄마들과 만나 진솔한 이야기를 나눴다. 그리고 알게 되었다. 정도의 차이는 있겠지만 '엄마 됨'이 힘든 사람이 나만은 아니라는 걸. 아이에 대한 모든 책임을 엄마에게만 전가하는 사회에서 육아가 힘든 건 너무나 당연한 일이라는 걸. '82년생 김지영'으로 대표되는, 여자도 남자와 다를 것 없다고, 여성에게도 사회적 정체성이 중요하다고 배워온 요즘 엄마들에게는 더욱 그렇다.

'엄마'와 '나'라는 정체성 사이에서 나와 비슷한 고민을 했던 스테퍼니 스탈은 『빨래하는 페미니즘』에서 이렇게 말한다.

> *여류 시인 에이드리엔 리치가 말한 어머니에 대한 고정 관념, 즉 '모성신화' 때문에 느끼는 고립된 기분을 나는 절절히 이해할 수 있었다. 물론 나는 실비아를 사무치게 사랑한다. 하지만 모성신화는 흔히 생각하는 것처럼 사랑에 기초하지 않는다. 모성신화를 떠받치는 기둥은 어머니는 더 이상 자신만의 야심도 호기심도 욕구도 느낄 필요가 없다는 믿음이다.*

엄마들의 글을 읽고 엄마들과 만나 이야기를 나누며 느꼈던 것은 안타까움이었다. 다들 이렇게 아이 키우는 게 힘든데 속으로만 곪아가고 있었구나. 내가 그랬던 것처럼 말이다. 아이를 데리고 밖에 나가면 '맘충'이 되는 사회에서 엄마들은 집안에 갇힌 채 독박육아를 한다. 육아서와 SNS

속 완벽한 엄마들과 자신을 비교하면서 좋은 엄마가 되지 못한 스스로를 자책한다. 모성신화는 엄마를 고립시킨다.

하지만 엄마 역시 '야심과 호기심과 욕구를 느끼는' 인간이며, 어느 책 제목처럼 처음부터 엄마였던 사람은 없다. 무엇보다 한 생명을 기르는 일은 정말로, 정말로 고된 일이다.

이제는 말할 수 있다. 나는 아이를 사랑하지만 때로 미워하기도 한다고. 가끔은 엄마 됨을 후회하기도 한다고. 그리고 생각한다. 더 많은 엄마들이 자신의 힘듦을 당당히 이야기해야 한다고.

엄마들에게는 완전히 새로운 이야기가 필요하다.

욱하는 엄마의 변명

아이를 낳기 전 나의 육아 지상과제는 '욱하지 말자.'였다. 임신했을 때 섭렵한 각종 육아서와 기사들은 엄마가 욱하면 아이가 '정상적'으로 자랄 수 없다고 한 목소리로 경고했다. '아… 우리 엄마가 어린 내게 윽박지르고 머리를 쥐어박아서 지금 내가 이렇게 비뚤어진 거구나.' 불룩 튀어나온 배를 어루만지며 엄마 같은 엄마가 되지 않겠다고 비장하게 다짐했다.

아이가 태어나서야 한 생명을 살려내는 게 얼마나 외롭고 고된 일인지 온몸으로 깨달았다. 목표를 전면 수정했다. 욱하지'만' 말자(남편 제외). 그것조차 지키기 너무 버거웠다. 아이를 보살피느라 쉬지도, 자지도, 먹지도 못하자 정체불명의 분노가 솟아올랐다. '그래도 제 팔조차 못 가누는 아이에게만큼은 화내면 안 돼.' 입술을 꽉 깨물며 버텼다.

아이 때문에 힘들어서 절로 '18'을 외치게 된다는 '마의 18개월'이 되자 입술을 깨무는 것만으로는 버틸 수 없는 지경에 이르렀다. 서점에서 급히

'육통령' 오은영 박사의 책 『못 참는 아이 욱하는 부모』(코리아닷컴)를 사왔다. 성경책 읽듯 소리 내어 읊으며 마음을 다스렸다.

욱에는 기다림과 상대 존중이 없다. 우는 아이는 빨리 그쳐야 하고, 잘못된 행동은 빨리 고쳐야 한다는 심보다. 그런데 아이는 그럴 수 있는 존재가 아니다. 여러 번 가르쳐 주고 그것을 뇌에서 처리하기까지 기다려 주어야 한다. 부모의 욱 한방에 공든 육아가 한순간에 무너진다.

'그래, 일 년 넘게 고생했는데 전부 물거품으로 만들 순 없지. 마음을 비우고 할 수 있는 만큼만 하면 욱하지 않을 거야!'

밥 먹어주는 게 그리 힘든 일이었니?

그러나 변수가 있었다. 아이의 내공은 포켓몬처럼 나날이 진화해갔다. 나는 어린이집에서 하원한 아이를 데리고 마트에 간 그날을 똑똑히 기억한다. 장을 보고 있는데 아이가 아이스크림을 사달라고 졸랐다. 곧 저녁 먹을 시간인데…. 하나만 사주고 얼른 돌아가서 밥을 주면 되겠지 싶어 수락했다. 마트 안 아이스크림 가게에 가서 주문하려는데 아이가 쏜살같이 다른 곳으로 튀어갔다. 쫓아가서 잡아왔더니 또 도망갔다.

육통령의 말씀대로 아이의 어깨를 지긋이 잡고 말했다. "엄마가 집에 가서 네가 먹을 저녁을 만들어야 해. 자꾸 도망가면 그냥….” 내 말이 끝나기도 전에 또 사라졌다. 본때를 보여줘야겠다는 생각에 우는 아이를 둘러메고, 장바구니를 들고 집으로 돌아왔다.

내 체력은 거의 바닥났고, 남편은 없고, 아이는 아이스크림을 사주지 않아 화가 잔뜩 난 상태였다. 남은 힘을 끌어 모아 후다닥 저녁을 차려줬는데 안 먹겠다며 고개를 돌렸다. “한 입만 먹자. 엄마가 열심히 만들었어.” 아이는 식판을 밀어버렸다.

국이 방바닥에 흩뿌려지는 순간, 겨우 깜빡이던 내면의 필라멘트가 툭 끊어졌다. “지금 뭐하는 거야!” 결국 아이에게 소리를 지르고야 말았다. 뒤늦게 육통령 화법으로 달래봤지만 이미 아이는 잔뜩 겁먹은 표정으로 울고 있었다.

그날부로 다시 입술을 질끈 깨물며 내면에서 불타오르는 화를 참고 또 참았다. 괜히 훈육한답시고 입을 열었다가 또 욱할까 봐 두려웠다. 그러던 어느 날 출근길, 죽을 것처럼 숨이 막히고 가슴이 조여 대학병원 응급실에 갔다. 심장엔 아무 문제없다는 답이 돌아왔다.

동네 신경정신과를 찾아갔다. 의사는 이것저것 묻더니 공황장애라는 진단을 내렸다. 육아스트레스 때문에 나타난 불안 증상 같다는 것이다. 왜 남들은 아무렇지 않게 해내는 육아가 내게는 스트레스로 반응하는 걸까. 왜 아이를 받아주지 못해 욱하고 자책하며 괴로워하는 걸까. 의사는 말했다.

“엄마가 문제라서 그런 게 아니에요. 몸과 마음에 여유가 없어서 그런 거예요.”

결국 난 '욱하는 엄마'가 됐지만

의사 말이 맞았다. 온종일 회사 일을 하다 파김치가 돼 집으로 돌아오면 아이의 속도에 맞춰줄 에너지가 남아 있질 않았다. 특히 남편이 나보다 퇴근이 늦어져서 홀로 아이를 돌봐야 할 때면 더욱 그랬다.

욱하지 않으려면 아이가 나와 다르다는 걸 인정하고 기다릴 줄 알아야 한다지만, 체력이 바닥나니 마음에 여유가 없었다. 아이가 밥을 얼른 먹어주길, 일찍 잠들어주길…. 내 속도에 아이가 따라오지 못하면 짜증부터 났다. 욱하는 엄마가 안 되려면 내가 할 수 있는 최선만큼만 열심히 해야 한다는데, 그 최선이 어디까지인지도 혼란스러웠다.

그제야 나는 어린 내게 욱하던 엄마를 이해하게 됐다. 우리 엄마 역시 독박육아에 지칠 대로 지쳐 벼랑 끝에 몰린 거였을지도 모른다.

이 글을 쓰기 얼마 전에도 욱한 적이 있다. 이번에도 저녁밥 때문이었다. 국수를 끓여줬더니 안 먹겠다고 했다. 재빨리 새로 밥을 차려줬다. 그랬더니 밥 말고 국수를 먹겠단다. 내가 대신 먹으려고 청양고추를 잔뜩 썰어 넣었는데…. 아빠한테 오는 길에 사오라 하겠다고 몇 번을 말해도 악을 쓰며 울었다.

"그러면 이 매운 걸 먹겠다는 거야?" 건조하기 이를 데 없는 문장을 사자가 포효하듯이 언성을 높여 말했다. 아이는 장난감을 품에 안고 아동학대 받은 듯한 표정으로 웅크려 덜덜 떨었다. 내가 졌다. 매워진 국수를 물에 씻어 다시 담아줬다. "엄마, 맛있어." 아이는 배고팠는지 허겁지겁 면을 넘겼다. 진작에 줄 걸. 그게 뭐가 어렵다고 아이에게 소리를 지른 걸까. 또 다시 죄책감이 밀려왔다. 욱한 걸 사과하며 솔직한 마음을 아이에게 털어놨다.

"엄마가 미안해. 네가 밥상을 세 번이나 차려달라고 해서 화가 났어. 엄마도 힘이 들거든."

"나도 미안해 엄마. 내가 울어서, 엄마 화나게 해서 미안."

어쩌면 난 평생 욱하지 않는 엄마에 가닿을 수 없을지 모른다. 아이를 키우는 일은 내게 늘 버겁고 어려운 과제이니까. 특히 엄마에게 완벽을 요구하는 이 세상의 육아는 인내하기 힘든 지상과제다. 그래서 다시 목표를 수정했다. 잘못하면 바로 사과하자. 말보다 감정이 앞서면 미안하다고 말하자. 나이가 들어 머리가 굳어도 아이에게 고개 숙일 수 있는 엄마가 되자. 그건 인내의 문제가 아니니 할 수 있지 않을까. 딸아, 그래도 밥상 세 번 차리게는 하지 말렴.

일하는 엄마에겐 죄가 없다

'엄마 같은 엄마가 되면 안 돼.'

임신 5주라는 소식을 듣는 순간 머리를 스친 첫 문장이었다. 배 속에서 고운 생명이 자라날 거라는 기대에 가슴이 일렁이면서도, 이 아이만큼은 나처럼 자라선 안 된다는 불안에 주먹을 꼭 쥐었다.

나의 엄마는 그 시절 보통의 엄마들과 달랐다. 돈을 버느라 바빴다. 아빠와 함께 서울에서 분식집을 운영한 엄마는 다른 엄마들처럼 아이를 유치원에서 일찍 찾아와 놀아주고 먹여주지 못했다. 드문드문 기억나는 과거 속 어린 나는 늘 혼자 있다. 다들 떠난 유치원에서 홀로 엄마를 기다리거나, 아무도 없는 놀이터에서 쓸쓸히 그네를 타거나.

두 분이 새벽 일찍 시장에서 장을 보고 깜깜한 저녁에 가게 셔터를 내리느라 정신없는 사이, 나는 8살이 됐다. 어김없이 식당 문을 열어야 하는 엄마 아빠는 딸의 초등학교 입학식에 오지 못했다.

그때 겪은 상대적 박탈감은 시작에 불과했다. 잔인하게도 초등학교는 점심 먹기 전에 끝났다. 집에 가봤자 아무도 없으니 학원 뺑뺑이를 돌았다. 엄마가 손님들을 위해 밥을 짓는 동안 나는 미술학원 선생님들과 배달음식으로 점심을 때웠다. 끝나면 건너편 속셈학원으로 가고, 해가 질 무렵에 다시 태권도 학원 차를 타고….

엄마를 향한 결핍은 머리가 커가면서 '왜 우리 엄마는 돈을 벌어야만 할까?'라는 의문으로 번져갔다. 나보다 돈이 중요한 걸까. 다른 엄마들처럼 점심을 차려주고 숙제를 봐줄 수 없는 걸까. 엄마에게 "일 안 하면 안 돼?"라고 수없이 물었지만 답은 늘 같았다. "너 먹여 살리려면 돈 벌어야지." 엄마 품을 떠나 친구들 무리 속으로 들어가는 나이가 되면서 더는 그 질문을 하지 않았지만, 외로움은 치유되지 않은 채 남았다.

결국 나도 엄마 같은 엄마가 됐다

대학에서 유아교육과 교양 강의를 들은 적이 있다. 10년이나 지나서 수업 내용은 거의 잊었지만, 당시 교수가 강조했던 한 가지만큼은 또렷이 기억한다.

"아이는 무조건 엄마가 키워야 해요. 적어도 초등학교 3학년 때까지. 정서적으로 안정된, 정상인 아이로 키우고 싶다면 그렇게 해야 해요."

엄마 같은 엄마가 되지 않겠다는 어리석은 결심은 그때 시작된 걸지도 모른다. 엄마를 향한 짙은 외로움이 뭔지 아는 만큼 그 아픔을 아이에게 똑같이 물려줄 순 없다는, 비뚤어진 각오였다.

애석하게도 난 맞벌이 부부였다. 배가 불러올수록 '정상적인 엄마로 사는 법'을 고민하며 여러 시나리오를 짜봤지만 퇴사 말고는 답이 나오지 않았다. 일단 경력단절까지 각오하고 기나긴 육아휴직에 들어갔는데, 허무하게도 아이를 돌본 지 1년 만에 다시 회사로 기어나갔다. '독박육아'가 이렇게 힘든 줄 몰랐다. 누구의 엄마가 아닌 오롯이 이름 석 자로 사람들과 어울리고 일을 하고 돈을 버는 효능감이 너무도 그리웠다. 일단 내가 살아야 한다는 절박함에 칼같이 복직했고 아이를 어린이집에 급하게 넣었다.

내가 정한 길인데도 이상하게 확신이 서질 않았다. 결국 엄마 같은 엄마가 됐다는 죄책감 때문이었다. 회사에서는 하루에도 몇 번씩 경력단절을 고민했다가 집에 돌아와서는 빨리 출근하기를 바라고…. 어느 한쪽에도 투신할 수 없는 처지에 끊임없이 갈등하고 괴로워했다.

자아가 분열된 상태로 1년 반을 흘려보내고 나서야 갑자기 궁금해졌다. 내가 정말 원하는 건 뭘까. 분명 일하기를 원한다. 엄마가 되기 전부터 쌓아온 궤도, 학창시절부터 고민해온 진로와 적성이란 것의 결말이 궁금하기에 그 길을 끝까지 걷고 싶은 게 솔직한 심정이다. 하지만 돈 버는 엄마 밑에서 겪은 외로움과 박탈감이 발목을 잡는다.

돈 버는 엄마는 왜 죄인이 되나?

생각의 꼬리를 이어나가다가 문득 외로움의 정체가 낯설어졌다. 아빠들은 아무 죄책감 없이 일터에 나가는데, 엄마들은 왜 죄인처럼 일터에 나가야 하는 걸까. 엄마 아빠가 같이 일을 했는데 어린 나의 외로움과 상대적 박탈감은 왜 엄마만을 향해 있던 걸까.

바로 그거였다. 아빠와 엄마의 결정적 차이. 아이는 부부가 같이 만들었는데 정작 애 키우는 건 엄마의 몫이라고 철석같이 믿는 사회, 부성신화는 없지만 모성신화는 넘쳐나는 현실, 거기서 내 불행의 역사가 시작된 거였다.

아빠'도' 육아에 참여하는 시대라지만 '애는 아빠가 키워야지.' 같은 신화적 기준이 그들에게는 요구되지 않는다. 21세기에 접어들어도 남성의 육아 참여시간은 고작 하루 평균 6분(2016년 기준)이다. 여성의 사회참여가 당연시되는 세상이지만 '애를 너무 일찍 어린이집에 보내면 안 된다.'는 모진 말은 여전히 엄마들을 겨냥한다.

내가 어렸을 때는 일하는 여성이 지금보다 상대적으로 적었고 모성신화도 그만큼 더 굳건했을 테니, 그 기준에 벗어난 나의 엄마와 그 밑에서 자란 내가 '비정상'이 되는 건 너무도 당연한 일이었을 테다. (참고로 엄마가 나를 낳은 1987년 여성의 경제활동참가율은 45%, 내가 아이를 낳은 2015년은 51.9%였다.) 엄마가 해줬던 이야기가 생각난다. 내가 초등학교 입학식에 혼자 갔던 그해, 담임선생님이 일하느라 정신없는 엄마를 교실로 불러 얘기했단다.

"어머님. 애보다 돈이 더 중요하세요?"

그날 엄마는 많이 울었다고 한다. 아빠의 일은 '희생'으로, 엄마의 일은 '패륜'으로 바라보던 그 시절. 우리 모녀는 모성신화의 피해자가 아니었을까.

『악어 엄마』라는 그림책이 있다. 엄마 악어는 새끼를 위해 포근히 안아주거나 먹이를 잡아주지도 않는다. 우리가 아는 모성의 기준으로 보면 정상이 아닌 것처럼 보일 테지만 악어에게는 나름의 이유가 있다. 자신의 울퉁불퉁한 몸에 다칠까 봐 새끼를 안아주지 않고, 험한 정글에서의 생존력을 길러주기 위해 어린 것들을 일찍부터 강물에 빠뜨린다. 그렇다고 엄마 악어가 새끼들을 사랑하지 않는 건 아니다. 이 세상에는 엄마가 아주 많고, 저마다 모성의 모양새가 다를 뿐이다.

"모성애가 좀 덜한가 봐."

복직한 후로 간혹 들은 말이다. 처음에는 그런 줄 알았다. 나의 모성이 부족한 거라 생각했다. 지금은 아니다. 나는 아이를 정말 사랑한다. 그리고 그만큼 나도 사랑한다. 엄마로서의 이타심과 나의 이기심을 사이좋게 공존시키는 것이 내 모성을 지키는 방법이다. 나가서 돈을 벌고 아이를 어린이집에서 늦게 찾아온다고 해서 모성애가 적은 엄마는 아니라는 걸 알게 됐다.

전업맘이나 주부로서의 삶을 깎아내릴 의도는 전혀 없다. 서로 다른 엄마의 꼴을 인정해주자는 뜻이다. 엄마의 삶이 제각각인 것처럼 육아의 방식도 서로 다른 게 정상이다. 굳건한 모성신화를 무너뜨려야 엄마들도 죄책감을 덜고, 아이들도 상대적 박탈감에서 자유로울 수 있다고 믿는다.

엄마는 이제 미안하지 않아

애초에 나의 엄마에겐 잘못이 없었다. 돈 벌러 나간 엄마가 아니라 돈 버는 엄마를 죄인으로 만들어버리는 세상에 따져 물을 일이었다. 그런데도 나의 엄마는 어린 시절 딸을 제대로 돌보지 못했다는 죄책감에 나이 오십 넘은 지금 손녀의 어린이집 등·하원을 대신 도맡아준다. 당신도 여전히 워킹맘이면서 딸의 꿈을 지켜주기 위해 황혼육아에 몸을 갈아 넣는 불쌍한 나의 엄마.

더는 엄마를 미워하지 않기로 했다. 아이에게도 미안하다는 말을 하지 않기로 했지만 솔직히 두려움은 여전하다. 애초에 이 죄책감은 엄마의 결심만으로 해소될 감정이 아니다. 사회가 일하는 나를 정상으로 받아들여줘야 죄책감에서 자유로워질 수 있다.

내가 아이에게 죄인이 되지 않는 세상을 상상해본다.

노래하는 어른은 되고, 우는 아이는 왜 안 되죠?

일요일 저녁, 윗집이 시끌시끌하다. 아이가 있는 집이었다가 젊은 여자가 이사 왔던 것 같은데 최근 또 세입자가 바뀌었나 보다. 같은 건물에 살아도 인사도 안 하고 지내니 누가 들고 나는지 알기 어렵다.

이 집이 이렇게 방음이 안 됐나. 세 들어 산 지 3년 만에 새삼 깨닫는다. 쿵쿵거리고 소리 지르고, 일제히 탄식을 내뱉었다가 환호성을 질렀다가, 갑자기 소리를 질렀다가, 여자도 있고 남자도 있는 것 같다. 자기들끼리 게임이라도 하는 걸까. 좀 그러다 말겠지 했는데 시계는 어느새 밤 10시를 가리키고 있다.

그러고 보니 며칠 전에도 비슷한 소리가 들리다 새벽 1시가 넘어서야 끝났다. 그때는 심지어 평일이었다. 뭐 매일 그러는 것도 아니고, 참아야지 했는데 점점 참을 수 있는 수준을 넘어선다. 누군가 말해주지 않으면 자신들이 얼마나 시끄러운지 모를 것 같다. 그냥 두면 이 소리가 새벽 1시까지도 이어질 수 있다는 불안감.

아파트가 아니라 경비실을 통할 수는 없고 직접 올라가서 얼굴을 봐야 한다. 올라갈까 말까 고민 고민. 내적 갈등. 가장 발목을 잡는 건 방 안에서 자고 있는 아이였다. 아이는 곧 두 돌을 앞두고 있다. 우리 집 아래층은 필로티 주차장이라 그동안 층간소음 걱정 없이 살아왔다. 아이가 마음껏 뛰어놀 수 있다는 게 이 집의 최대 장점이다.

하지만 아이 울음소리가 문밖을 넘는 일은 분명 있었을 거다. 아직도 아이는 밤에 종종 자다 깨서 우유를 달라고 운다. 아이와 집에서 뛰어놀면서 생기는 소음도 있을 거다. 아이가 깔깔대며 장난치고 웃는 소리 모두 누군가에게는 듣기 싫은 소리일 수 있다. 등·하원할 때 1층에서 승강이 벌이는 소리는 어떻고. 내가 누군가에게 시끄러움을 지적할 자격이 있는 걸까.

내게 자격이 있는 걸까?

얼마 전에도 비슷한 고민을 했다. 아이와 함께 기차를 탔는데 바로 앞자리에 앉은 아저씨가 계속 큰 소리로 노래를 불렀다. 놀라서 쳐다보니 귀에 이어폰을 꽂고 유튜브 영상을 보고 있었다. 거기서 나오는 노래를 따라 부르는 모양이었다. 구성진 트로트 소리가 조용한 기차 안에 울려 퍼졌다.

노래는 끊어질 듯 말 듯하다가 이내 다시 시작됐다. 그렇게 아저씨는 부산에서 서울까지 2시간 30분 동안 노래를 부르다 말다 했다. 그런데 같은 칸에 있는 그 누구도 뭐라고 하지 않았다. 괜한 분란을 만들고 싶지 않아서였을 거다.

속이 부글부글 끓어올랐다. 이야기를 해야 하나 말아야 하나. 아이는 내 품에 잠들어 있었다. 불쑥불쑥 터져 나오는 노랫소리에 아이가 깰까 봐 걱정됐다. 무엇보다 저건 정말 명백한 민폐, 비상식적인 행동 아닌가. 좀 조용히 해주세요, 라고 말해볼까. 괜히 말했다가 해코지 당하면 어쩌지. 무엇보다 아이를 데리고 있는 내가 그런 말을 할 자격이 있는 걸까. 이번에도 아이가 발목을 잡았다.

잠든 아이가 깨면 어쩔 수 없이 소음이 발생하게 될 거다. 창밖을 보며 신나서 소리 지르기도 하고, 차 안에 있는 게 지겹다고 짜증내기도 하고. 젤리와 영상, 장난감으로 달래는 데는 한계가 있다. 그래서 열차를 타면 돈 내고 예약한 자리에는 앉지도 못하고 복도 칸에 나가 있다. 거기서는 또 입석으로 탄 사람들에게 민폐를 끼치는 것 같아서 눈치가 보인다. 아이와 열차를 탈 때마다 신경성 위염이 생기는 이유다.

아이들은 아직 자신의 말과 행동을 완전히 통제하지 못한다. 쉿, 조용히 해야지, 아무리 주의를 줘도 잠깐 뿐이다. 공공장소에서 조용히 해야 한다는 상식을 체득하지 못했기 때문이다. 한 친구는 얼마 전 5살 아이와 기차를 탔는데 조용조용 말하라고 했더니 아이가 짜증난다고 울어버려서 너무 난감했다고 한다. 아이들은 아직 그런 존재다. 우리는 모두 그런 존재였다.

하지만 많은 어른들은 아이들이 내는 소음을 참지 못한다. 아이가 제대로 걷지도 못하던 시절이었다. 열차를 탔는데 갑갑한지 낑낑대는 소리를 냈다. 옹알이 수준이었다. 슬슬 눈치가 보이기 시작했다. 그때 뒷좌석에 탄 20대로 보이는 여자들이 하는 소리가 내 귀에 박혔다.

"열차에도 그런 거 있었으면 좋겠어. 노키즈존."

자기들끼리 한 이야기였겠지만 우리에게 들으라고 하는 소리였을 거다. 온몸에 오물을 뒤집어쓴 듯 불쾌감이 몰려왔다. 아이와 함께 있다는 이유로 이런 모욕까지 겪어야 하다니. 남편은 바로 아기띠를 하고 복도 칸으로 나갔다. 그렇게 아이가 잠들 때까지 1시간을 넘게 서 있었다. 그 시간 동안 뒷자리에 있던 '어른'들은 여행지 사진을 보며 끊임없이 수다를 떨었다.

제 몸 하나 통제 못하는 어른들

자신을 제대로 통제하지 못하던 아이들은 가정과 학교, 사회에서의 교육을 통해 타인을 배려할 줄 아는 어른이 된다.

그런데 세상에는 그렇지 못한 어른들이 훨씬 많다. 극장을 가보라. 영화 상영 도중 큰 소리로 이야기하고 메시지 올 때마다 휴대폰 켜서 확인하는 어른들이 얼마나 많은지. 대중교통만 타도 여기가 공공장소인지 자기 집 안방인지 구분 못하는 어른을 찾는 건 어려운 일이 아니다(지금 이 글을 쓰는 조용한 카페에서는 웬 할아버지가 카페가 떠나가라 통화를 하고 있다).

그럼에도 주로 공격당하는 건 어른이 아닌 아이들, 정확히는 아이들을 데리고 다니는 엄마들이다. '노키즈존'이라는 이름으로 사회의 질서와 상식을 배워가는 중인 아이들을 아예 공공연히 배제하기도 한다. 아이가 아니라 개념 없는 엄마들을 공격하는 거라고? 공공장소에서 애가 엄마 마음대로만 된다면 나도 소원이 없겠다.

다시 트로트 노래가 들리는 열차로 돌아오자. 왜 저 사람에게는 누구도 말을 못 하는 건가. 왜 다들 모른 척하는 건가. 건장한 성인 남성의 해코지가 두렵기 때문 아닌가. 그 지적질이 왜 아이와 엄마들에게는 그리도 쉬운가.

'맘충'이라는 혐오표현은 엄마들을 주눅 들게 한다. 아이의 행동을 끊임없이 통제하고 혹시나 민폐를 끼치고 있지 않은지 계속 검열하게 만든다. 식당에 가면 아이가 시끄럽게 할까 봐 스마트폰으로 영상을 틀어준다. 식사를 마치고 나올 때는 바닥에 떨어진 것까지 다 청소하고 나온다. 치운 쓰레기까지 들고 나오기도 한다. 가끔씩은 내가 왜 이렇게까지 하고 있나 싶다. 주변을 돌아보면 대부분의 아이들이 스마트폰을 보며 밥을 먹고 있다. 그럼 뭐 하나. 아이가 떼쓰거나 떠들기라도 하는 순간엔 맘충 낙인이 찍힐 텐데.

이제 막 말을 하기 시작한 아이가 제일 많이 하는 말은 "안 돼요" "안 돼"다. 아마 어린이집에서도 집에서도 가장 많이 듣는 말이기 때문일 거다.

그렇다면 다 큰 어른들은 어떤가? 그만큼 서로에게 예의를 지키고 있는가. 일요일 밤 10시, 다른 집 신경 안 쓰고 신나게 소리 지르는 저들은 대체 뭔가. '애 가진 죄인'이라 한마디도 할 수 없는 건가.

문을 열고 나갈까 말까. 나는 현관 앞을 서성인다.

둘째, 키워줄 거 아니면 권하지 마요

"둘째 낳으니까 어때? 많이 힘들어?"

둘째를 출산하고 가장 많이 듣는 질문. 비혼자에게도, 아이가 없는 기혼자에게도, 아이가 하나인 사람에게도, 심지어 아이가 둘 이상인 사람에게도 이 질문을 가장 많이 받는다.

대답은? 물론 '힘들다'. 그것도 무척이나.

쉴 틈이 없네요, 쉴 틈이 없네요 ♪

두 아이 육아에서 가장 힘든 것은 정말로 쉴 틈이 없는 것. 아이가 하나일 땐 부부가 돌아가며 잠시라도 한 명은 쉴 수 있었는데 아이가 둘이 되는 순간 그런 기회는 꿈도 꿀 수 없게 됐다. 남편과 번갈아가며 첫째와 둘째를 돌보다 보니 이것은 마치 끝이 없는 쳇바퀴를 달리는 것 같달까.

하지만 우리 집엔 구세주가 있다. 바로 '할미' 친정엄마. 아이 둘에 어른 셋은 그래도 할 만하다. 번갈아 가며 한 명은 쉴 수 있으니까. 그렇지만 여기서 쉰다는 건, 그저 엉덩이 붙이고 앉을 수 있는 찰나의 시간이 주어지는 것일 뿐 '여유'를 누릴 수는 없다.

친정엄마가 집을 비우는 주말이면 나와 남편은 고군분투하며 할머니의 빈자리를 뼈저리게 느낀다. 우리 집 아이들은 유난하지 않음에도 불구하고 집은 순식간에 엉망이 되고 점잖게 차려먹는 밥은 기대도 할 수 없다. 제대로 앉거나 누워서 쉴 수 있는 틈조차 갖기 어렵다.

'할미'가 돌아오는 일요일 저녁, 체력이 완전히 소진된 우리 부부는 퀭한 얼굴로 누구보다 친정엄마를 반갑게 맞는다.

'시간 빈곤'이 가장 힘든 두 아이 육아

여유를 허락하지 않는 두 아이 육아는 체력뿐 아니라 정신적으로도 어렵다.

나의 경우 육아를 하며 가장 힘든 것은 '시간 부족'. 독서·영화감상·글쓰기·운동 등 무얼 하든 혼자만의 시간을 통해 재충전을 해야 하는데 첫째아이가 태어난 후로는 진득하게 그런 시간을 갖기가 어려웠다. 예상은 했지만 육아를 하며 온전한 나만의 시간을 보내기란 하늘의 별따기였다. 재충전이 제대로 되지 않은 상태에서 체력적·정신적으로 소모만 계속되니 점점 지쳐갔다.

그런데 하나도 아니고 둘이 되니 그 시간은 더욱 줄어들었다. 사실, 이제는 거의 없다. 평일에는 일과 육아, 주말에는 끝없는 육아만이 남았다. 물론 아이들과 보내는 시간은 즐겁다. 하지만 모든 시간이 즐겁다며 정신 승리할 수는 없다. 울고불고 떼쓰는 아이들 앞에서 사라지고 싶은 순간이 하루에 몇 번이고 찾아온다.

그나마 난 친정엄마의 지원 덕분에 조금이라도 시간을 내어 이렇게 마음의 응어리를 쏟아낸다. 숨통이 조금 트인다. 새삼 둘 이상의 자녀를 독박육아 하다 마음의 병을 앓게 되는 것은 당연지사라는 생각도 든다. 이런 극한의 상황에 사람을 혼자 몰아 두는 건 정말….

뭘 이렇게까지 무섭게 얘기하냐고

그래서 냉정히 말하곤 한다. 육아에 적극적으로 참여할 수 있는 사람이 세 명 이상이 아닌 상황에서 두 아이를 낳고 기르는 건 인생 망하는 거라고, 이번 생은 포기해야 할 거라고.

뭘 이렇게까지 무섭게 얘기하냐고 할 수도 있겠지만 삶의 질을 중시하는 요즘의 경향에 비추어 그리 과장된 표현은 아니라고 생각한다. 그만큼 부모가 포기해야 하는 것들이 많아진다. 한 명이 늘었다고 해서 단순히 두 배가 아니다. 몇 배에 달하는 희생이 더 필요하다. 하고 싶은 것도, 해야 할 것도 많은 요즘 부모들에게는 쉽지 않은 일이다.

개인적인 문제만은 아니다. 둘 이상의 자녀를 부모가 온전히 짊어지기 힘든 건 구조적 문제 때문이기도 하다. 절대적으로 부족한 보육 기관, 안정적인 돌봄 시스템의 부재, 여성 경력 단절, 육아노동 불평등 등 이제는 말하기도 입 아픈 것들.

첫째 아이 15개월 때 우리 부부는 진지하게 "둘째는 없다."고 결론지었다. 맞벌이를 하면서 두 아이를 안정적으로 키울 수 없을 것 같았다. 우리 둘만으로는 역부족이었다. 우리의 결심을 부모님께 전하자 친정엄마는 "둘째까지 봐주겠다."고 선언했다. 마음은 있지만 현실적인 이유로 둘째를 포기한 우리의 마음을 헤아려주신 것. 그렇게 둘째가 태어났다. 친정엄마의 자발적인 도움이 없었다면 둘째는 세상에 나오지 못했을 거다.

어쩌면 우리 가족의 행복은 전적으로 '할미' 친정엄마에게 달린 것일지도 모르겠다. 당신은 온갖 고생으로 세 남매를 기르시고도 그 자식들이 육아의 고됨보다는 기쁨과 행복을 더 누릴 수 있도록 보살펴주심에 몸 둘 바 모를 정도로 감사하다.

육아의 행복과 고난은 온전히 부모의 몫

첫째는 5살, 둘째는 2살. 어린 아이들이라 지금의 육아가 더욱 힘들게 느껴지는 것일 수도 있다. 하지만 선배 부모들의 이야기를 들어보면 이 상황이 적어도 앞으로 10년 정도까진 크게 나아질 것 같진 않다.

지난해 재미 반, 진심 반으로 봤던 사주풀이에서 난 앞으로 5년간 계속 하락세일 것이라고 했다. 이 얘기를 하면 다들 "어쩌냐."고 걱정을 하는데 "두 아이를 낳은 워킹맘이 뭘 기대하겠냐?"라고 반문하면 다들 이해하는 눈치다.

너무 어렵고 힘든 점만 이야기한 걸까. 물론 내 새끼들은 마냥 예쁘고 화목한 다자녀 가정도 많다. 하지만 육아의 형언할 수 없는 행복과 더불어 고난 역시 온전히 부모의 몫이기에 냉정하게 말하고 싶다.

키워줄 거 아니면 빈말이라도 남에게 절대 둘째를 권하지 말라고. 애당초 결혼·출산 같은 걸 권하지 않으면 더 좋겠다.

엄마의 책

이주영

『엄마 왜 안 와』

고정순 | 웅진주니어

엄마가 일하는 게 싫다는 아이에게

"엄마, 어디 가?"

"회사 가지^^"

"싫어!"

두 돌 즈음으로 기억한다. 한동안 아이는 맞벌이 부부에게 가장 무섭다는 '어린이집 안 가' 병을 앓았다. 정확히는 '엄마 아빠 회사 가지 마' 병.

우리 부부는 경기도에서 서울로 출퇴근하는 프로통근러. 나는 오전 8시 30분부터 업무가 시작돼 늦어도 오전 7시에는 집을 나서야 했다. 아이는 엄마 아빠와 한참을 놀다가 밤 11시 전후로 잠들었는데, 우리가 출근 준비하는 새벽이면 귀신같이 일어나 '가지 말라'고 매달렸다.

아이는 등하원을 도와주는 외할머니에게 안겨 아침마다 굵은 눈물을 뚝뚝 떨궜다. 나와 남편은 서럽게 우는 아이를 등지고 현관문을 나설 수밖에 없었다. 콩나물시루처럼 빽빽한 출근길 지하철도 지옥 같지만, 진짜 지옥은 내 마음이었다.

'도대체 무슨 부귀영화를 누리자고 이렇게 살아야 할까.'

인생무상의 마음이 치밀어 오를 때면 다 그만두고 아이만 볼까 진지하게 고민했지만, 눈 떠 보면 결국 내 몸은 회사에 있었다. 아이에게 내 일을 설득하고 싶었다. '너 장난감 사주려면 돈 벌어야지.'라는 현실적인 충고 말고, 좀 더 아이 수준에 맞게.

『엄마 왜 안 와』는 그런 그림책이었다. 엄마가 일터에 왜 가야 하는지, 어떻게 일하는지를 아이 눈높이에 맞춰 상냥하게 그려냈다.

내 아이는 얼마간 자기 전에 이 책을 읽어달라고 했다. 아빠가 아닌 내게. 그리고 아침에 더 이상 울지 않기 시작했다. "싫어"라는 선전포고 대신, 그림책에서 읽은 내용을 근거로 질문을 던지며 엄마의 일을 이해하려 노력하는 모습이었다. 이제 아이는 "엄마, 잘 다녀와. 저녁에 보자."라고 인사해준다. 책 덕분이라고 단언할 수는 없지만, 책이 들려준 이야기가 아이의 세계에 어떤 작용을 한 건 분명한 듯하다.

"엄마, 회사 안 가면 안 돼?"라는 질문 앞에서 한없이 작아지는 그대여, 걱정 마시라. 오늘 밤은 아이와 함께 이 그림책을 읽으며 대화를 나눠보길 제안한다. 『엄마 왜 안 와』를 추천하는 이유 세 가지.

1. 엄마는 어디에든 있을 수 있는 사람이다

서점에 가면 엄마와 아이가 등장하는 그림책에 먼저 손이 가곤 한다.

내가 여자이므로 아빠보다는 엄마가 주인공인 책에 감정이입이 더 잘 된다. 아이가 이야기를 들으며 엄마의 삶을 이해하길 바라는 마음도 있다.

그런데 그림책 속 엄마의 배경은 대부분 집이다. 부엌에서 앞치마를 두르고 밥을 차리거나 거실에서 청소기를 돌린다. 아니면 침실에서 아이를 재우거나. 내 아이가 '엄마는 집에 있는 사람'이라고 믿어 버릴까봐 두려웠다.

『엄마 왜 안 와』의 배경은 사무실이다. 엄마는 책상에 앉아 컴퓨터로 일을 하고, 넥타이를 맨 동물들과 네모난 테이블에 앉아 회의를 하며, 앞치마 대신 크로스백을 메고 아이에게 간다. 일을 마친 후 깜깜한 밤에 지하철을 타고 아이에게 달려간다. 대한민국의 수많은 아빠들처럼.

물론 늦은 퇴근 후에도 마트에서 장을 보고 들어가는 장면이 지독히 현실적인 듯해 아쉽다. 그래도 엄마의 동선이 집에 갇혀 있지 않아 반갑고 뭉클했다. 엄마는 어디에든 있을 수 있는 사람이다.

2. 엄마의 일은 중요하다

해가 슬며시 이우는 오후. 그림책 속 아이가 묻는다. "엄마, 언제 와?" 엄마는 "조금만 기다려 달라."고 양해를 구하며, 자신이 얼마나 중요한 일을 하고 있는지 설명한다. 길 잃은 동물 친구들을 도와주고(회의), 계속 울어대는 새들이 잠들 때까지 기다리며(전화), 화가 잔뜩 난 꽥꽥이 오리의 문제를 해결(지시)한다고.

아이는 늘 엄마를 필요로 하지만, 그게 엄마에게 주어진 책임의 전부는 아니다. 어느 누군가, 또는 회사가, 사회가 엄마의 능력을 원할 수 있다. 엄마는 아이의 삶을 돌보는 사람이지만, 엄마가 되기 이전부터 지켜온 '나'는 그 이상을 해내는 사람이다. 고유의 이름으로 쌓아온 적성과 능력, 경력이란 게 존재하니까.

세 돌이 된 요즘에도 가끔 아이가 아침에 "엄마, 어디 가?" 하고 묻는다. 뻔히 알면서. 나는 "회사 가."라는 답에 좀 더 부연 설명을 붙인다.

"사람들이 엄마 보고 도와달래. 엄마만이 그 일을 할 수 있어. 아주 중요한 일이야."

돈을 벌기 위해 일하지만, 돈만을 위해 일하는 건 아니다. 아이가 부디 그 마음을 알아주길.

3. 엄마는 돌아온다

오후 6시 30분. 퇴근 후 한강을 건너 경기도로 서서히 진입할 시점. 이때 꼭 아이에게 전화가 온다. "엄마, 어디야? 왜 빨리 안 와." 나를 목 빠지게 기다리다 못 참고 외할머니에게 통화하게 해달라 조르나 보다. 내가 돌아오지 않을까봐 두려운 걸까. 엄마와 잠시 떨어지는 시간을 억겁의 이별처럼 받아들이는 걸 보면 여전히 아기 같다.

『엄마 왜 안 와』 속 엄마는 일이 끝나자마자 엘리베이터로 직행한다. 설 곳조차 없어 보이는 '지옥철'에 어떻게든 몸을 욱여넣고, 집에 도착하는 시각이 단 1초도 지체되지 않도록 서두른다. 재빨리 마트에 들러 대파 같은 식재료를 산 뒤, 밤길을 달린 끝에 드디어 아이를 꼭 안아준다. 이야기는 엄마의 독백으로 끝난다.

"언제나 나를 기다려 준 네게로 무사히 돌아올 거야."

이 대목을 읽어주며 아이에게 "엄마도 이렇게 너에게로 돌아온다."라고 알려줬다. 1시간은 지하철로, 10분은 버스로, 10분은 두 발로 온다. 먼 길을 달리고 달려서 집에 도착한다. 나는 늘 할 수 있는 한 최단 시간으로 아이에게 달려온다. 화장실 갈 시간도 아까워 요의를 참다가 방광염을 앓은 적도 있지만, 아이에게 이것까진 얘기해주지 않았다. 딱 한 가지만 강조하고 또 강조했다. 어쨌든 엄마는 너에게 돌아온다고. 그러니 너무 오래 울지는 말라고.

이런 사람들에게 추천

☞ 아이가 엄마에게 "일 안 하면 안 돼?"라고 묻기 시작했다면
☞ 엄마가 일하는 이유를 좀 더 풍성하게 알려주고 싶다면
☞ 엄마를 기다리는 아이를 안심시키고 싶다면

3. 반반육아, 남편과 육아를 함께하는 꽤 확실한 방법

저는 '완벽한 남편'과 삽니다

친구들을 만나면 꼭 듣는 말이 있다. "너희 오빠 참 좋은 남편이야." 아내에게 자상하고 요리도 잘하고 살림도 열심히 하고 애도 잘 보니 그만한 남자가 어디 있냐는 뜻이다. 그의 평일 일과를 소개하면 다음과 같다.

오전 6시 : 일어나자마자 쌀을 씻어 밥솥에 안치고 어린이집 가방을 싼다.

오전 8시 : 일어난 아이를 씻기고 아침을 먹이고 옷을 입히며 등원시킨 다음 서둘러 출근한다.

오후 7시 : 일을 마친 후 곧장 집으로 달려온다(최근 1년간 회식이나 저녁 약속에 참석한 횟수는 다섯 손가락 안에 꼽는다).

오후 9시 : 도착하자마자 후다닥 밥을 먹고 설거지를 하고 세탁기를 돌린 다음 아이와 놀아주다가 목욕시킨 뒤 재운다.

오후 11시 : 다시 일어나 빨래를 널고 어린이집 도시락통을 씻고 쓰레기를 버린 뒤, 아이 반찬을 만들거나 낮에 회사에서 못 끝낸 일을 처리하다가 잠든다.

그와 나는 가사와 육아를 공평하게 분담하고 있지만, 노동 강도나 시간으로 따져보면 그가 좀 더 많이 한다. 통계청 조사에 근거하면 내 남편은 대한민국 3% 안에 드는 남자다(2018년 일·가정 양립지표에 따르면 남편이 가사를 주도한다고 응답한 비율은 남편 3.7%, 아내 2.8%였다). 그런 측면에서 보자면 매우 이상적인, 그야말로 '완벽한' 남편과 살고 있는 셈이다.

그렇지만 나는 이쯤에서 톨스토이의 소설 『안나 카레리나』의 첫 문장을 언급하고 싶다. '행복한 가정은 모두 엇비슷하고, 불행한 가정은 불행한 이유가 제각기 다르다.' 내가 불행하다는 뜻은 아니다. 부지런하고 사려 깊은 남편 덕에 행복하지만, 그 속에 나만의 고충 또한 존재한다. 내게는 두 가지가 없다.

내 편이 없다

남편이 가사와 육아에 적극적이라고 해서 내가 노는 건 아니다. 사실 육아 영역에서 육체노동은 남편이 나보다 좀 더 많이 하지만, 아이의 스케줄을 계획하고 알아보고 결정하는 건 대부분 내 몫이다. 아이 발달에 맞게 식단을 짜고, 어느 기저귀가 아이 피부에 맞는지 따져보고, 아이에게 필요한 놀이를 찾아보고, 내복 길이가 짧아지면 새로 장만하는 일들은 주로 내가 한다.

부모로서 책임지고 결정해야 하는 일들을 거의 내가 다 짊어지고 있으므로, 우리의 육아가 완전히 '평등'하다거나 남편이 나보다 더 육아에 적극적이라는 세간의 평가에 100% 동의하기 어려웠다. 하지만 일과 육아의 병행이 버겁다고 하소연하면 위로는커녕 이런 답이 돌아오곤 한다. "남편이 그렇게 해줘도 힘들구나."

내가 하는 청소, 설거지, 요리, 빨래, 정리, 육아는 사람이 먹고 싸고 자는 것만큼 아무렇지 않게 여겨졌다. 아이 밥상에 매끼 3찬을 올리고 아이가 입는 옷을 직접 손빨래하는 정도가 아니면 엄마의 노동은 어디 가서 명함도 못 내미는 게 현실이다. 반면에 남편은 어떠한가. 아이만 안고 나가도 '육아빠'라며 주목받는다. 내가 유모차를 끌고 카페에 가면 한가롭게 커피'나' 마시는 아줌마 취급받는데, 남편이 그렇게 하면 '라떼파파'라고 칭송받는다. 하나만 해도 열 배 칭찬받는 남편이 가끔은 부럽다.

출구가 없다

남편과 나는 처지가 정말 비슷하다. 일단 같은 회사에서 같은 직군으로 일한다. 근무 시간도 같다. 평일 저녁에도, 주말에도, 웬만하면 우리는 함께 집에서 아이를 돌본다. 둘 다 밖에서 혼자만의 시간을 느긋하게 보내지 못한다는 뜻이다.

한 육아 선배는 주말마다 하루씩 번갈아가면서 전담육아를 하라고 조언했다. 그러면 한 명이 고생하는 대신 다른 한 명은 자유 시간을 누릴 수 있으니까. 나도 그럴 수 있을 줄 알았다. 그 말을 출산 전에 들었는데, 막상 애를 낳고 보니 현실적으로 불가능했다. 남편은 헤비스모커여서 한두 시간에 한 번은 담배를 피워야 숨통이 트인다. 나는 덩치값을 못하는 저질체력이어서 한나절만 육아해도 방전된다. 그렇다고 육아라는 감옥 안에서 기약 없이 견디기만 할 순 없었다.

대승적으로 번갈아 자유 시간을 보내기로 했다. 딱 두 시간씩만. 여기서 핵심은 시간의 길이가 아니라 균형이다. 내가 오후 2시 38분에 나가면 오후 4시 38분까지는 반드시 집에 당도해야 했다. 남편도 마찬가지다. 만약 한 사람이 정해진 시간을 초과하면, 다른 사람도 그만큼 더 시간을 보내게 해줘야 했다. 균형을 맞춰주지 않으면 갈등과 불화로 번졌다. 그렇게 서로 0.1만큼의 양보도 허락하지 않았다. 우리는 '더치페이 육아'를 하고 있는 셈이다.

더치페이 육아의 장점은 당장 독박육아를 안 해도 된다는 것이기도 하지만, 무엇보다 부채가 없어 좋다. 서로 시간을 빚지지 않으니까. 단점은 서로 부채가 없는 대신 그만큼 부채에 민감하게 반응한다는 것이다.

한번은 일이 많아 평소보다 늦게 퇴근한 적이 있다. 회사 업무 때문이지만 어쨌든 그때 난 육아에서 벗어나 있었고, 남편은 혼자서 애를 씻기고 재웠다. 결과적으로 내가 남편에게 빚을 졌기 때문에 칼같이 되갚아야 했다.

그런데 다음날 아침, 몸살 기운이 온몸에 퍼져 아침에 도저히 일어날 수가 없었다. 남편에게 조심스럽게 물었다. “나 몸이 안 좋아서 그러는데 조금만 더 누워 있으면 안 될까…?” 남편은 매우 실망스러운 목소리로 “어… 그래.”라고 대답했다.

나의 아픔에 공감해주지 않는 남편에게 서운하면서도, 한편으로는 그럴 수밖에 없는 남편이 이해됐다. 육아에 시달리다 보면 몸이 힘들고, 몸이 힘들면 누군가를 배려할 마음의 여유조차 생기지 않으니까. 나도 그랬다. 심지어 나는 애를 씻기다 허리를 삐끗한 남편에게 “괜찮아?”라고 묻기는커녕 “조심 좀 하지 그랬어!”라며 화를 낸 적이 있다.

그럼에도 불구하고

내 편도 없고 출구도 없는, 이도저도 못한 채 서로가 서로의 발목을 잡는 것처럼 보이는 반반육아. 그럼에도 불구하고 우리는 아이가 독립할 때까지 이러한 분담구조에서 완전히 벗어나진 못할 것 같다. 계속 서로를 견제하며 한 사람이 상대의 희생을 발구름판으로 삼아 자유를 전횡하는 일을 막을 테다. 이것이 애초 우리가 가기로 약속했던 길이기 때문이다.

남편과 나는 부모가 되기 전부터 일궈왔던 서로의 일과 삶을 지켜주기 위해 다소 느릴지라도 함께 가기로 마음먹었다. 누군가 육아로 인해 걸음을 멈추거나 방향을 틀지 않도록, 각자 홑몸으로 달리던 우리는 함께 손을 잡고 걷기로 했다. 초원의 사자처럼 자유롭게 뛰던 개인들이 갑자기 2인 3각을 하려니 답답한 건 당연했다.

우리의 육아는 개인전이 아닌 단체전이다. 두 사람이 함께 뛰는 경기다. 종목이 바뀌었으니 남편도 나도 새로운 룰에 적응할 수밖에 없었다. 어찌 보면 아이가 태어나고 지금까지 일종의 적응기가 아니었을까.

최근 아이의 세 돌을 기점으로 우리의 더치페이 육아에 균열이 나기 시작했다. 남편은 올 여름 약 2주간 해외출장을 다녀왔고, 나는 지난 3월 안식월에 홀로 3박 4일 여행을 다녀왔다. 언젠가는 주말에 하루씩 번갈아가며 한 명은 애랑 놀고 다른 한 명은 자유 시간을 누리는 날이 올 수도 있을 것만 같다.

그래서 우리는 이 답답함과 지지부진함을 좀 더 견뎌보기로 했다. 제자리걸음처럼 보여도 우리는 조금씩 나아가고 있으니까.

'육휴' 남편이 3시 하원은 너무 빠르다고 말했다

내가 1년 3개월 만에 다시 회사로 돌아가던 날, 남편은 육아휴직을 시작했다. 연이은 두 번의 임신과 출산으로 지난 4년을 보내고 다시, 제대로 일을 시작하려던 참이었다. 아이 둘을 낳고 오랜만에 돌아가는 일터, 잘 적응할 수 있을지, 커리어를 유지할 수 있을지 걱정이 앞섰다. 복귀 한 달 전부터 잠을 이루기 어려울 정도였다.

어느 날 남편은 자신이 육아휴직을 앞당겨 쓰는 게 어떻겠냐고 물었다. (원래는 아이들이 초등학교에 입학할 때 쓸 계획이었다.) 지금이 지난 시간 내가 아이들을 돌보며 애쓴 것에 보답할 적기인 것 같다며 내가 다시 일에 집중할 수 있도록 돕겠다고 했다.

왕복 4시간이 걸리는 출퇴근. 우리 부부가 둘 다 일하며 어린 두 아이를 안정적으로 돌볼 수 없는 상황이었다. 아이들에게도, 나에게도 남편의 육아휴직이 어느 때보다 필요했다.

그렇게 남편의 육아휴직이 시작됐다. 6개월 동안이었다. 나는 무거운 마음을 조금이나마 덜고 다시 출근할 수 있었다. 내가 일을 하고 남편이 가사와 육아를 온전히 도맡는 상황은 처음이었다. 우린 낯설었지만 기대로 들뜨기도 했다. 그리고 한 달의 시간이 지났다. 우린 이 생활에 즐겁게 적응해나가고 있다. 특히 난 남편의 입에서 처음으로 나온 말들이 흥미로웠다. 이 말들이 남편의 육아휴직을 설명할 수 있을 것 같았다.

"선생님이 / 00엄마가 그러는데…"

남편은 아이들과 더욱 가까워지는 것을 육아휴직의 주요 목표로 설정했다. 원래 아이들과 친하긴 했지만 자신이 제1양육자가 되고 싶어 했다. 그리고 이 목표는 가장 먼저, 가장 쉽게 달성됐다. 아이들과 함께 보내는 물리적인 시간이 절대적으로 더 많아졌고 아이들에게 관심을 갖는 것이 주요 업무이니 당연한 결과였다.

남편은 아이들의 어린이집 대표 부모 연락처를 나에서 자신으로 바꾸었다. 첫째 아이의 학부모 단체 채팅방에도, 둘째 아이의 키즈 노트 앱에도 남편만 접속할 수 있게 됐다. 어느 날부터 저녁 식사 자리에서 남편은 "00이 선생님이…", "00이가 오늘은…", "00엄마가/00아빠가 그러는데…"라며 아이들의 생활을 미주알고주알 얘기해줬다.

남편의 세계는 어느새 아이들을 중심으로 돌아가고 있었다. 아이들의 지근거리에서 모든 것을 알아가고 있는 남편의 육아휴직 생활은 매우 만족스러워 보인다. 나는 나대로 육아에만 시달리며 지쳤던 마음에 다시 여유를 찾았다.

그동안 남편과 육아 문제로 다툰 적이 더러 있었다. "오빠가 애들 이유식 한 번 사봤냐?" "내가 이유식 안 샀다고 이런 말 들을 줄은 몰랐다, 앞으론 내가 사면 되냐?"고 유치함의 극을 달린 날도 있었다.

내가 화가 난 건 이유식 사는 게 힘들어서가 아니라 남편이 아이들이 어떤 걸 먹는지도 모르고 있는 것 같아서였다. 남편은 남편대로 노력하고 있다는 생각에 억울했다고. 지난 주말 남편은 첫째 아이의 옷을 사러 가자고 했다. 내가 바지 하나를 고르자 남편은 "한 치수 더 큰 걸 사야 한다." "첫째가 요즘엔 줄무늬를 좋아한다."며 다른 걸 골랐다. 상황은 완전히 역전돼 있었다.

"3시 하원은 너무 빨라"

아빠가 육아휴직 중인 우리 아이들은 어린이집 맞춤형 보육반이다. 하루에 6시간 동안 어린이집에 있을 수 있다. 난 이 시간 동안 가사에 집중도 해봤고 어떤 날은 마냥 쉬기도 해봤으며 한때는 자기계발을 위해 바쁘게 시간을 보낼 때도 있었다.

결론은 뭘 해도 이 시간이 참 빨리 간다는 것. 남편은 종종 내가 왜 이 시간에 연락이 안 되는지, to-do 리스트를 다 못해내는지 궁금했을 수도 있다. 거의 매일같이 "시간이 없다."는 말을 달고 살던 날 이해하지 못하겠다는 남편의 눈빛을 봤기 때문.

그런데 육아휴직을 시작한 남편의 입에서 자연스럽게 "3시 하원은 너무 빠르다."는 말이 나왔다. 난 즉시 폭소를 터트리며 "거봐, 내 말이 맞지?"라고 맞장구쳤다. 말로 정확히 설명할 수 없는, 무슨 말을 해도 핑계 같은 등하원 사이의 쏜살같은 시간. 남편이 이 느낌적인 느낌을 이해하다니, 어느 때보다 동질감이 느껴졌다.

나 또한 남편의 길고 고된 출퇴근길과 주말 낮잠 같은 것들을 이해하게 됐다. 미처 일일이 말로 꺼내기 어려웠던, 꺼내더라도 금세 날카로워져 괜한 다툼이 되기 일쑤였던 것들이 해소됐다. 대화를 나누는 게 가장 좋지만 육아와 가사의 영역은 말처럼 쉽지가 않다. 서로의 상황에 처해봐야 서로를 완전히 이해하는 미련한 우리 부부에게 남편의 육아휴직은 그야말로 신의 한 수였다.

"저녁 뭐 먹고 싶어요?"

남편의 육아휴직을 준비하면서 가장 먼저 한 일은 그동안 내가 중심을 잡고 해오던 '집안일'을 인수인계한 것이었다. 남편은 육아와 가사에 아주 문외한은 아니었지만 막상 본인이 키를 쥐고 하려니 어려움이 있는 것 같았다. 하지만 어쩌랴 이미 키는 넘어갔는걸.

육아휴직 이틀째 되는 날 퇴근 무렵 남편에게 메시지 하나가 왔다. "저녁 뭐 먹고 싶어요?" 이 낯선 귀여움은 뭘까. 나도 모르게 입가에 미소가 번졌다. 남편에게 이 질문을 들어본 적은 많지만 이런 맥락은 처음이었다.

우리 부부는 둘 다 요리에 크게 소질이 없다. 그나마 내가 만들 수 있는 요리 가짓수가 조금 더 많았다. 그래서 집에서 식사할 땐 나의 지휘 하에

같이 준비하거나 내가 요리를 하곤 했다. 대신 남편은 설거지를 하고. 그런데 남편은 드디어 메뉴부터 진지하게 고민하기 시작한 것이다. 한 가족을 먹여 살리겠다는 의지로. 그렇게 남편은 매일 같이 밥을 안치고, 고기를 굽고, 생선을 튀기고, 찌개를 끓여 저녁을 준비한다.

남편은 이제 가사에 책임을 느낀다고 했다. 청소와 빨래, 식사 준비 등은 육아와 더불어 자신의 주요 업무라고. 이걸 혼자 다 하는 건 아니다. 내가 육아휴직 중이었을 때도 나 혼자 다 하진 않았다.

우리 집은 가사 주도권을 가진 이가 일의 순서를 계획하고 분배할 권한을 갖는다. 내가 평일 저녁 설거지는 무조건 남편의 몫이라고 못을 박았던 것처럼 지금의 나 또한 내 몫이 있다. 5개월 후, 우리 집 업무는 다시 조정이 필요하다. 아마도 그땐 전과는 완전히 다른 이해도 아래서 가사와 육아 업무가 분배될 것이다.

남편의 회사는 비교적 남성의 육아휴직에 관대한 편이다. 그렇지만 '부서 최초' 남성 육아휴직자가 돼야 하는 부담도 분명 있었다. 그래서 우리 가족을 위해 용기를 내준 남편에게 고맙고, 또 고맙다.

남편은 육아휴직 시작 전날 '뜨거운' 부서 송별 회식을 했다. 육아와 육아휴직에 관심이 큰 남성 직원이 많아 자신에게 질문과 관심이 쏟아졌다고. 은근히 뿌듯해하는 눈치였다.

아빠의 육아휴직은 아이들만을 위한 것이 아닌 '가족과 잘 살고 싶은' 자신을 위한 시간이다. 여건이 된다면 이 기회를 꼭 놓치지 않았으면. 나아가 모든 가정이 이 기회를 누릴 수 있는 사회가 되기를 바란다.

남편이
육아용품 사면 벌어지는 일

임신 전, 육아는 남편과 내가 당연히 같이하는 거라고 생각했다. 두 사람의 사랑의 결실로 아이가 생겼으니 그 책임도 함께 져야 한다고. 하지만 육아에 주책임자와 부책임자가 있다면 엄마인 나는 명백한 주책임자였다. 10달 동안 아이를 배 속에 품고 있던 사람도, 온몸이 부서지는 고통을 겪으며 아이를 낳은 사람도, 바로 휴직을 하고 아이를 돌봐야 했던 사람도. 모두 엄마인 나였다.

남편이 육아에서 나처럼 주체가 되기를 바랐다. 출산을 앞두고 출산용품을 준비하던 시기, 남편에게 출산용품 구입을 전적으로 맡겼다. 남편은 엑셀에 출산용품 리스트를 만들어 매일 인터넷을 검색했다.

두 돌이 지난 지금도 여전히 육아용품은 남편 담당이다. 기저귀를 다 쓰고 나면 남편은 포장지 겉면에 있는 쿠폰을 잘라서 하나하나 모은다. 이렇게 하면 저렴하게 기저귀를 살 수 있다고.

소개한다. 남편이 육아용품을 사면 벌어지는 일들.

1. 관심

우리가 소비하는 것이 우리가 어떤 사람인지를 가장 잘 보여준다고 한다. 아이 물건을 사려면 아이가 어떤 상태인지 잘 살펴야 한다. 계속 관심을 가져야 한다.

기저귀를 예로 들어볼까. 아이에게 기저귀가 작거나 크지는 않은지, 발진이 생기지는 않았는지. 계속 잘 살피면서 기저귀를 주문해야 한다. 자연스레 아이의 발달 상태에 계속 관심을 갖게 될 수 있다.

2. 소통

육아용품 정보는 너무나 많다. 그만큼 정보를 쉽게 얻을 수 있지만, 믿을 수 있는 정보를 가려내는 건 쉽지 않다.

'출산용품 다시보기' 시리즈에서도 강조했듯이 육아용품은 정말 '애 바이 애'다. 블로그에서는 이 용품만 쓰면 모든 게 마법처럼 다 해결될 것처럼 광고하지만 실상 내 아이에게는 안 맞는 경우도 굉장히 많다. 남편도 이 점을 힘들어 했다. 정보를 어떻게 취사선택할 것인지. 그러다 보니 '안전빵'으로 비싼 걸 사게 된다고.

아빠들에게는 육아정보를 얻을 수 있는 커뮤니티가 부족하다. 육아에 관심 있는 아빠들이 주변에 있기는 해도 엄마들만큼 정보를 잘 알지는 못하니까.

나랑 남편은 최대한 자주 소통했다. 남편은 인터넷에서 정보를 찾고, 나는 주변 엄마들에게 정보를 얻었다. 아이의 상태에 대해서도 계속 공유를 했다. 아이는 피부가 예민한 편이었다. 아토피 진단을 받지는 않았지만 아토피성 피부라는 이야기를 듣기도 했고. 아이에게 이 로션을 발라봤더니 어떤 부분이 안 맞더라, 주변에서 들으니 어떤 로션이 좋다더라, 대화하면서 계속 아이 피부 타입에 맞는 로션을 찾아갔다.

기저귀, 분유, 물티슈, 젖병, 쪽쪽이, 빨대컵, 세제, 간식…. 모두 그런 과정을 거쳐서 구입했다. 시행착오도 많았지만 함께 육아한다는 기분을 느낄 수 있어서 좋았다. 대화도 더 자주 하게 됐다.

3. 자신감

이 글을 쓰면서 남편에게 물어봤다. 육아용품을 전담하면서 좋은 점이 뭐냐고. 남편은 자신감을 얻게 됐다고 했다. 육아용품이 어떤 기능과 장점을 가지고 있는지 꼼꼼히 살펴본 후 주문했으니 훨씬 더 그 육아용품을 잘 쓸 수 있게 됐다고.

유모차가 대표적인 예다. 반면 난 남편에게 의존하다 보니 초반에 유모차 작동법을 잘 몰라서 애먹었던 기억이 난다. 역시 관심을 갖는 만큼 잘 알게 되는 것 같다. 각 분유마다 타는 방법이 다른데 남편이 먼저 숙지해서 저한테 알려줬고, 남편이 검색하다 알게 된 신문물인 일회용 젖병은 여행할 때 유용하게 썼다.

여기에 덤으로 남편은 육아용품 쇼핑을 하면서 자신의 소비욕을 충족할 수 있어서 좋았다고 말했다. 내가 아기 옷 사면서 대리만족하는 심정이랄까.

4. 책임감

남편이 육아용품을 산다고 하면 다른 엄마들은 묻는다. 남편에게 잔소리하게 되거나 불안하지 않냐고. '남편이 과연 잘 할까?' 하는 의구심을 갖고 있는 거다. 그냥 남편에게 시키느니 내가 하는 게 속편하다는 사람도 있다.

남편에게 육아용품 구입을 맡기면서 내가 가지고 있는 원칙은 한 가지다.

'잔소리하지 말자.'

회사 업무를 떠올려 보자. 네가 알아서 하라고 해놓고 일일이 개입하고 지적하면 그 일을 열심히 하고 싶을까? 자기 일이라는 생각이 들까? 적어도 나는 그렇지 않다. 권한을 준다면 책임도 함께 줘야 '내 일'이라고 받아들이게 된다.

남편도 나도 애 키우는 건 처음이다. 사실 아이를 낳기 전에는 이렇게 육아용품 종류가 많은지 몰랐다(이렇게 돈이 많이 드는지도.) 엄마에게만 육아용품을 잘 고르는 DNA가 있을 리 없다.

물론 남편의 선택이 마음에 안 들 때가 있었다. 남편은 아이에게 독일에서 직구한 분유를 먹였다. 솔직히 아이가 분유에 민감한 편도 아닌데 굳이 번거롭게 직구를 해야 할까 싶었다. 중간에 수급 대란 때문에 애를 먹기도 했고. 그래도 남편이 하고 싶은 대로 하라고 했다(어차피 직구하는 건 남편이니까^^).

남편들도 인터넷 검색 할 줄 알고, 인터넷 쇼핑 할 줄 안다. 꼭 육아용품 구매가 아니라도 한 가지 영역을 정해서 각자 분담해 보는 건 어떨까.

4. 친정엄마는 육아도우미가 아니다

친정엄마에게 애 맡기기 전에 알아두면 좋을 3가지

'서울에 남느냐, 경기도로 가느냐.' 아기를 배 속에 품은 열 달과 육아휴직 1년을 통틀어 가장 많이 고민했던 질문입니다. 문장 그대로 읽으면 행정구역이 다른 두 지역 사이에서 갈팡질팡하는 듯 보이지만 속내는 전혀 다릅니다. '혼자 키우느냐, 친정엄마의 도움을 받느냐.' 제 고민은 이것이었습니다. '애는 누가 키우냐?'는 질문은 맞벌이 부부에게 가장 중요한, 풀지 않고는 앞으로 나아갈 수 없는 문제였어요.

남편과 제 직장은 당시 서울 마포구 상암동에 있었고, 집은 바로 옆 은평구였어요. 전 취재기자여서 일하는 곳도 근무시간도 들쑥날쑥했지만, 남편은 비교적 출퇴근이 안정적이었죠. 남편이 나인 투 식스 근무를 한다 치면, 아이를 늦어도 오전 8시 30분 전에 맡기고 빨라도 오후 7시 전에 데리고 오게 됩니다. 아이가 10시간 이상 어린이집에서 생활해야 한다는 뜻입니다.

불현듯 유년시절의 기억이 떠올랐습니다. 저 역시 맞벌이 부부의 아이였고, 유아원(당시 어린이집)에선 늘 마지막까지 혼자 남아 아빠를 기다렸어요. 그때 느낀 쓸쓸함과 상대적 박탈감이 지금도 어제 일처럼 또렷합니다. 그 감정을 누구보다 내가 잘 아는데, 아이에게 똑같은 상실과 결핍을 줄 순 없었어요.

친정엄마가 사는 곳은 경기도 중부지역. 전철로 서울까지 왔다 갔다 하는 시간만 왕복 3시간. 그럼에도 전 복직을 한 달 앞두고 짐을 싸서 그곳으로 갔습니다. 친정엄마가 아침저녁으로 저희 집에 와서 등·하원을 도와준다 했습니다. 나도 친정엄마도 고될 걸 너무나도 잘 알고 있었지만, 어른의 피로보다 아이가 받을 스트레스가 더 클 것 같았거든요. 무엇보다 아이의 외로움을 지켜봐야 하는 심리적 고통이 아침저녁으로 멀리 출퇴근하는 육체적 고통보다 아프게 다가왔습니다.

친정엄마 옆으로 온 지 2년. 제 결정을 후회하지 않습니다. 다만 모두가 익숙해지기까지 무수한 시행착오를 겪었습니다. 미리 고려하고 준비했다면 서로가 덜 상처받지 않았을까 싶네요. 그래서 준비했습니다. 친정엄마에게 도움받기 전에 알아둬야 할 것들.

1. 엄마도 양육자다

복직 초반에는 친정엄마와 사사건건 부딪쳤습니다. 친정엄마가 아이를 돌보는 방식은 하나부터 열까지 저와 맞지 않았거든요.

가장 큰 갈등은 TV 시청이었습니다. 저는 정말 힘들 때 30분씩, 최대 두 번만 보여준다는 원칙을 고수했습니다. 어린 나이부터 미디어 영상에 노출되면 두뇌발달에 저해된다는 전문가들의 경고 때문이었습니다. '당신 아이의 머리가 나빠질 수도 있다.'는 말이 무서우면서도 잠깐 숨 돌릴 틈이 간절해 울며 겨자 먹기로 보여줬습니다. 당장 내가 살고 봐야 한다는 절박함과 아이를 유해한 환경에 노출했다는 죄책감 사이에서 내린 최선의 타협점이었죠.

반면 친정엄마는 너무 쉽게 TV를 켰습니다. 아이에게 밥을 먹이거나 옷을 입힐 때면 리모컨부터 찾았습니다. 영상을 틀어주면 아이가 브라운관에 시선을 고정한 채 가만히 앉아 있고, 그래야 친정엄마가 편하게 아이를 돌볼 수 있으니까요. 친정엄마는 할 일이 있을 때에도 아이를 TV 앞에 앉혀둔 채 밥을 차리고 그릇을 씻고 바닥을 닦았습니다. 시간제한은 딱히 없었습니다. 일이 다 끝날 때까지, 애 엄마나 애 아빠가 올 때까지 하루 한두 시간은 거뜬히 보여줬죠.

제 세계에서는 있을 수 없는 일이었습니다. 'TV 많이 보여주면 아이가 바보 된다.'고 조언했지만 소용없었습니다. 친정엄마도 당장 살고 봐야 했으니까요. 저보다 더 나이든 몸으로 어리고 싱싱한 것을 감당해야 하니 얼마나 힘들었겠어요.

그럼에도 전 아이의 가능성만을 생각했습니다. 양쪽 팔목에 파스를 덕지덕지 붙인 친정엄마에게 "손녀가 불쌍하지도 않냐?" "우리 아이 공부 못하면 엄마가 책임질 거냐?"며 모질게 굴었습니다. "그렇게 나를 못 믿으면서 어떻게 아이를 맡기니?" 참다못한 친정엄마는 앓아누웠습니다.

해결방법은 두 가지다. 맹렬하게 부딪혀서 내 의견을 관철시키든지, 아니면 어머니의 육아법에 따르든지. 전자의 경우에는 모녀관계에 금이 갈 걸 각오해야 하고, 후자의 경우에는 나의 교육철학과 나의 일을 교환했다고 마음을 정리해야 한다. 쿨하게.

할머니는 육아 당사자가 아니라 보조자일 뿐이므로 당연히 엄마의 교육철학을 따르는 게 옳지 않느냐고? 단순한 보조자를 원했다면 마음에 안 들더라도 육아도우미를 쓰지 왜 굳이 할머니에게 맡기겠는가. 혈육에 대한 지극한 사랑을 믿기 때문 아니었나. 그러나 바로 그 지극한 사랑 때문에 할머니는 단순한 육아도우미로 머물 수 없는 것이다.

-『다시 아이를 키운다면』(박혜란|나무를심는사람들)

친정엄마에게 도움을 요청한다는 건 공동양육자를 한 명 더 늘린다는 의미더군요. 부부의 양육 방식만 고집할 순 없습니다. 친정엄마 역시 아이를 함께 키우는 존재이므로 당신의 육아 방식과 가치관도 수용할 수 있어야 해요. 등원하고 하원하고 먹여주는 일상의 보육을 도맡는 친정엄마가 어쩌면 더 중요한 양육자일지도 모릅니다. 양육 방식이 맞지 않을 때는 친정엄마와 충분히 대화해 접점을 찾아야 해요.

무엇보다 가장 중요하고 어려운 시간을 담당하는 양육자가 최대한 덜 힘들 수 있도록 다른 양육자들이 배려해야 합니다. 멀리 가려면 함께 가야 합니다. 아이의 요구만큼이나 친정엄마의 요구도 경청해야 하는 이유입니다.

2. 정확한 근무시간과 조건을 약속하라

저의 친정엄마는 전통적인 '모성'의 표본 같은 분입니다. 아프고 힘들어도 내 새끼를 위해서라면 기꺼이 몸을 갈아 넣습니다. "그래도 엄마니까"라는 말로 수많은 인고의 시간을 견뎌왔습니다.

그녀의 딸인 저는 편했습니다. 평일마다 손녀 등·하원을 담당하는 친정엄마는 딸이 조금이라도 덜 고생하길 바라는 마음에 누가 시킨 것도 아닌데 청소, 빨래, 요리, 손녀 목욕까지 해줬습니다. 주말에는 딸과 사위가 낮잠 잘 수 있도록 두세 시간씩 손녀를 봐주기도 했습니다.

그러던 어느 날부터 엄마가 이유 없이 아프기 시작했고, 급기야 대학병원까지 갔습니다. 갑상선암이 의심되니 조직검사를 받아보라는 답이 돌아왔습니다. 다행히 검사 결과 암은 아니었지만, 전 그때 알았습니다. 친정엄마는 저보다 더 늙고 약한 존재이므로 언제까지 제가 기댈 수 없다는 걸요.

그 이후로는 엄마의 퇴근과 휴식을 보장하기 위해 노력했습니다. 근무시간을 앞당겨 최대한 일찍 퇴근해 친정엄마와 교대했고, 일주일에 하루 정도는 재택근무를 하며 친정엄마에게 숨 돌릴 틈을 드렸습니다. 평일에는 정말 아이만 돌보실 수 있도록 살림을 미뤄두지 않았고, 주말에는 어떻게든 남편과 둘이서 아이를 돌봤습니다.

아무리 가족을 위한 일이라 해도 아이 돌봄도 엄연한 노동입니다. 친정엄마에게 도움을 구하기 전에 미리 근무시간과 일수, 급여(용돈) 등을 정확히 정해두고 시작해야 모두가 건강히 오래 갈 수 있습니다.

3. 나는 을이다

부모님께 도움을 받는 순간, 결혼으로 이뤄낸 독립이 유보됩니다. 저는 그랬습니다. 손녀를 봐주기 위해 친정엄마가 집으로 오고, 냉장고가 지저분하니 당신만의 방식으로 정리해주게 되고, 풍수지리에 어긋난 곳에 거울이 있으니 다른 곳에 두라고 조언하게 되고…. 그렇게 다시 친정 식구가 제 삶 안으로 깊숙이 들어오게 됩니다.

남편은 친정엄마의 살림법에 유독 낯설어했습니다. 그는 집안 살림을 주도하는 사람으로서 자신만의 철학과 기준이 확고했거든요. 남편은 그릇용과 컵용 수세미를 따로 쓰고, 비 오는 날에는 빨래를 널지 않으며, 니트는 꼭 반듯하게 접어서 보관합니다. 친정엄마는 그걸 지키지 않았고요. 가끔 옷장 앞에서 인상을 쓰고 서 있는 남편을 볼 때면 중간에서 참 난처했습니다. "김 서방이 싫어하니 그렇게 하지 말라."고 하면 기껏 고생한 친정엄마가 속상할 테니까요.

기회가 될 때마다 최대한 친정엄마가 마음 상하지 않게 말하려 했고, 남편에게도 이해를 구했습니다. 친정엄마가 우리를 위해 희생하는 만큼, 우리도 어느 정도 눈 감을 수 있어야 한다고요. 쥐는 게 있으면 그만큼 놓아야 하는 게 생기기 마련이니까요. 그게 싫으면 도움을 받지 않거나, 최대한 빨리 다시 독립하는 방안을 모색해야 하지 않을까요.

저도 늘 고민합니다. 친정엄마 덕분에 마음 편히 직장생활을 하지만, 계속 친정엄마에게 기대 살 순 없어요. 도리어 언젠가는 친정엄마가 제게 기댈 수 있도록, 노쇠한 그 몸을 업고 나아갈 수 있도록 두 발로 독립해야 한다고 생각해요.

'친정엄마에게 기대지 않고 아이를 키우면서, 하고 싶은 일을 하며 돈 벌 순 없을까.'

아직 그 답을 찾지 못해 계속 친정엄마 옆에 살고 있습니다. 하지만 그 꿈을 포기하지 않았습니다. 얼른 친정엄마를 황혼육아에서 구하고 싶습니다. 멀지 않은 날, 저 역시 어엿한 엄마로 독립하길 바랍니다.

친정엄마와 같이 살 때 각오해야 할 6가지

첫아이 출산과 함께 6년 만에 다시 친정엄마와 살게 되었어요. 엄마는 생업을 이어가고 계셨지만 감사하게도 첫 손주와 딸의 뒷바라지에 두 팔 걷고 적극 나서주셨죠.

처음엔 3개월만이라고 했던 것이 아이 백일 즈음부터 외국 살이를 하게 되면서 1년으로, 그리고 저의 복직과 둘째아이 출산으로 이 동거는 기한 없이 늘어나고 말았습니다.

엄마니까, 그저 전처럼 같이 살면 되는 줄 알았죠. 그런데 6년 만에 다시 살게 된 '엄마인 듯 엄마 아닌 엄마 같은' 엄마는 익숙하면서도 어색했습니다. 제가 엄마의 딸로만 살던 때와는 달랐어요. 엄마도 마찬가지였습니다. 엄마와 저는 이전과는 완전히 다른 새로운 관계에 진입한 것이었죠.

내 아이를 돌봐주기 위해 친정엄마가 집에 온 순간, 엄마는 그저 나의 엄마가 아니었습니다. 엄마이자 피고용인, 공동양육자(어쩌면 주양육자),

손님 등 여러 가지로 선이 필요한 관계가 되었죠.

어려운 일이었어요. 선불리 새 관계를 시작한 엄마와 전 모든 게 낯설고 서툴렀기에 실수도, 잘못도 참 많았습니다. 그리고 엄마와 살게 된 지 3년을 꽉 채운 지금에서야 이 관계를 시작하기 위해선 몇 가지 각오가 필요하다는 것을 알게 됐어요.

저처럼 육아의 어려움 때문에 얼떨결에 친정엄마와 같이 살게 되는 분들이 많을 거예요. 아마도 처음 1~2년간은 저와 마찬가지로 혼란을 겪을 테고요. 그래서 친정엄마와 살 때 준비해야 할 것들을 구체적으로 정리해봤습니다. 현실적 준비와 심리적 준비 크게 두 가지로 나눠 이야기해보려 해요.

Step 1. 현실적 준비

1. 용돈과 생활비는 따로

친정엄마와의 동거가 결정됐다면 역시 가장 먼저 매듭지어야 할 중요한 문제는 '돈'입니다. 처음부터 돈 얘기라니, 너무 매정한가요? 하지만 시작부터 확실히 해둬야 나중에 난감해지는 뒤탈이 없어요.

아마도 '내 새끼 봐주는데 무슨 돈이냐, 됐다.' 하는 친정엄마들 꽤 계실 거예요. 저희 엄마도 실제로 그러셨고요. 하지만 진심이 아닙니다. 비록 진심일지라도 절대 그렇게 해서는 아니 되는 것, 다들 잘 아시죠? 애써 외면하지 마시길.

제 친정엄마는 생업을 포기하고 저희를 도와주셨어요. 하지만 저희 여건 상 엄마의 기존 월 소득을 당연히 유지해드릴 수 없었죠. 그래도 정성껏 액수를 맞춰 드렸어요. 마음만이 아니라 현실적으로 말이죠.

입주 베이비시터 비용 시세와 엄마의 매달 고정 지출 등에 맞춰 적정 액수를 정했습니다. 결코 많은 돈은 아니었지만 엄마도 저희 상황에서 최선을 다한 액수임을 아셨기에 흔쾌히 수락해주셨어요. 시가 용돈, 부부 취미 활동 등에서 기존의 지출을 줄여 예산을 확보했어요.

이외에 생활비 카드를 따로 만들어 드렸어요. 매달 드리는 용돈과 생활비는 별개예요. 그리고 장 보시는 것과 아이 간식 비용 등은 모두 이 카드로 쓰시게 했고요. 정 없어 보여도 아이 과자 영수증을 두고 실랑이하며 괜히 서로 맘 상하는 것보단 낫겠더라고요.

이런 과정과 방법 때문이었는지 다행히 돈 때문에 문제가 불거진 적은 없었습니다. 하지만 다른 문제가 있었죠.

2. 독립적인 공간과 시간 확보

용돈과 더불어 중요한 문제입니다. 이 글을 쓰기 위해 엄마와 이야기를 나눴는데요. 실제로 엄마는 돈도 돈이지만 독립적인 공간과 시간을 중요하게 생각하시더라고요. 고로 저희가 이 부분에서 잘못했다는 얘기죠. 맞습니다. 저희가 가장 실수했던 부분이었어요.

첫째아이가 태어났을 때 남편이 외국에 있었기 때문에 저와 아이, 그리고 엄마는 모두 한 방에서 자며 지냈습니다. 방이 2개나 남았는데도 말이죠. 외국에 나가서는 방 공간이 협소하다는 이유로, 아이가 할머니 품에서 자는 것에 더 익숙하다는 이유로 엄마는 아이와 한 방을 썼습니다. 그리고 복직 때문에 먼저 한국에 돌아온 저와 아이, 엄마는 남편의 귀국 전까지 다시 한 방에서 자며 생활했어요.

상황이 이렇다 보니 엄마만의 독립적인 시간이 있을 수가 없었죠. 그렇게 엄마는 낮밤과 평일·주말의 구분 없이 내내 저희 곁에 계셨어요.

그리고 남편의 귀국 즈음 어떠한 계기로 인해 저희가 엄마께 지나치게 의존하고 있다는 걸 깨달았어요. 그제야 엄마의 완전한 독립된 공간과 시간을 마련했죠.

우선 방 한 개를 완전히 엄마의 공간으로 내어드렸어요. 옷장, 침대 등 가구도 모두 새로 준비했고 없던 TV까지 설치하느라 꽤 큰일이었지만 처음부터 했어야 할 당연한 일이었기에 최대한 필요하신 모든 걸 갖추도록 노력했습니다.

그리고 저희가 퇴근한 후의 모든 육아와 가사는 우리 부부의 몫이라고 선을 그었어요. 처음엔 엄마가 많이 어색해하셔서 무조건 방에 들어가 쉬시라고 재촉해야 할 정도였죠. 주말, 금요일 저녁부터 일요일 밤까지도 마찬가지고요. 특별한 일이 없다면 주말에 엄마는 친정집에 계시다 오는 걸로 정했습니다.

지금 보면 미치도록 당연한 것인데 어찌 그리 미련했을까요. 제가 이렇게 얘기하면 다들 아빠가 안 계신 줄 알지만, 저희 아빠 아주 건강히 잘 지내고 계시거든요. 부모도 생이별하게 만든 철딱서니 없는 딸이었네요.

친정엄마와의 동거 여부를 결정할 땐 꼭 독립적 공간을 고려해야 할 것 같고요. 근무시간(?)은 처음 용돈 액수를 정할 때 함께 확실하게 이야기하면 좋겠습니다.

3. 엄마의 미래

친정엄마든 시엄마든 조부모와 동거 육아를 하게 된다면 꼭 생각해야 할 부분이에요. 이 부분은 부부 간의 합의가 중요하기 때문에 동거를 시작하기 전 꼭 솔직하게 대화를 나눠보도록 하세요.

참고로 저희 부부는 이렇게 정했습니다. 제가 계속 일을 한다면 둘째아이 저학년 때까지 친정엄마와 같이 살면서 육아 도움을 받기로요. 물론 엄마도 동의하셨고요. 그런데 혹여 아이들에게 친정엄마의 손길이 필요 없어지는 시점이 조금 더 빨리 오더라도 저희가 먼저 엄마께 집으로 돌아가시라고 말할 수는 없어요.

또 이제부터는 친정엄마께 돌봄이 필요한 상황이 온다면 전 다른 형제들보다 가장 먼저 나서야 할 겁니다. 저희가 친정엄마의 노후를 완전히 책임져야 하는 경우는 아니지만 앞으로 무슨 일이 일어날지는 아무도 모르죠.

내가 땡겨 쓴 엄마의 시간만큼 책임과 대가가 반드시 따른다는 점, 기억하세요.

Step 2. 심리적 준비

1. 우리 집은 엄마의 아지트

"인성이 애 낳았다고? 서울이라고? 그럼 이참에 한 번 봐야겠네!"

엄마의 전화기에서 수도 없이 흘러나오던 말. 그렇게 전 일 년에 아니 평생 한 번 볼까말까 한 일가친척 및 엄마 친구분들을 참 많이도 뵈었어요.

맏딸이자 맏며느리인 친정엄마라 가족모임과 행사도 저희 집에서 치러지기 일쑤였어요. 한 번은 명절도 치렀으니 말 다 했죠. 다행히 전 가족 및 친인척들과 어울리는 것을 좋아하기 때문에 크게 문제가 되지는 않았지만 그렇지 않은 딸들도 꽤 있을 것 같아요.

우리네 어머님들은 가족이나 친인척과의 교류가 활발하신 분들이 많잖아요(아니라면 다행입니다만). 친구분들이 많으실 수도 있고요. 사람들로 집이 북적북적한 게 불편한 분이라면 마음의 준비를 단단히 하셔야 할 것 같아요. 도저히 안 될 것 같다는 분들은 사전에 꼭 조율을 잘 하시길 당부드려요.

2. 내가 엄마가 되어도 난 엄마 딸

친정엄마와 같이 살면서 제가 엄마께 잘못한 점도 참 많았지만 참을 수 없을 만큼 힘들었던 점도 하나 있었습니다. 바로 나에 대한 비난.

제가 엄마가 되었지만 여전히 전 엄마의 딸이더라고요. "넌 아직도 이러니?” “왜 그렇게밖에 못하니?” 같은 잔소리, 비난의 말들이 이어졌어요. 대부분 제가 크게 관심이 없는 가사와 제 나름대로 열심이었던 육아에 관한 것이었죠. 어렸을 적 엄마랑 싸웠던 이유가 떠오르는 순간들이기도 해요.

5년의 자취와 1년의 신혼생활을 하며 자리 잡은 제 나름의 생활 패턴이 엄마에게는 여전히 부족해 보였나 봐요. 처음엔 전처럼 대수롭지 않게 여겼는데 점점 남편까지 합세하더라고요. 왜 엄마는 굳이 사위 앞에서 딸 흉을 보는 건지, 사위는 왜 또 장모님 편든다고 자기 아내를 폄하하는 건지 저도 점점 불만이 쌓여갔어요.

나중엔 제가 정말 큰 잘못이라도 한 것처럼 위축되기 시작했어요. 결국 쌓이고 쌓이다 이건 아닌 것 같아 엄마와 남편에게 “그만하라.”고 딱 잘라 말했습니다. 그 후 여전히 엄마는 툭툭 잔소리를 뱉으시지만 “너도 생각이 있겠지.”라고 미안한 듯 덧붙이시기도 하고 전처럼 마구잡이로 흉을 보진 않아요. 남편의 태도도 당연히 바뀌었고요.

당신의 고생을 연장시킨 못난 딸이긴 하지만 지금까지도 나를 작게 만드는 엄마의 말과 행동은 솔직하게 터놓고 얘기할 필요가 있을 것 같습니다.

3. 우리는 공동양육자… 관계의 객관화

친정엄마가 우리 아이의 양육을 위해 동거를 시작한 순간부터 엄마는 그저 엄마가 아닌 ‘공동양육자’입니다. 굳이 동거까지 하는 가장 큰 이유인데도 같이 살다 보면 쉽게 간과하는 부분이에요.

보통은 '엄마니까'라는 생각으로 편하게 대하게 되죠. 저만해도 철없던 어린 시절처럼 가사와 육아가 조금만 힘들면 엄마께 미루기 일쑤였고 심지어 아이가 저지른 잘못에 대해 짜증내며 엄마를 비난하기까지 했어요. 절대 하지 말아야 할 행동입니다.

육아는 마라톤, 공동양육자와 오래 함께하기 위해서는 절대로 한쪽에게 몫을 과중시키거나 어쩔 수 없는 일들에 대해 비난해서는 안 되는 것인데 말이죠.

'아차' 싶은 순간들이 늘어나면서 잘못되고 있다는 걸 깨달았어요. 그리고 엄마와 나의 새로운 관계를 객관적으로 생각해보았죠. 한 발짝 떨어져 보니 자연스럽게 존중과 배려가 떠올랐어요. '우리 사이에 뭘'이라며 겸연쩍게 생각했던 것들이었는데 더 이상은 아니었죠. 엄마와 어색하고 껄끄러웠던 부분들은 매끄러워졌고 감사의 마음도 더욱 커졌어요.

과정은 어려웠지만 새로운 관계 맺기를 통해 전 엄마와 더욱 친밀해졌습니다. 사실 전 엄마 말에 따르면 '제멋대로이며 성격도 사나운 딸'로 그리 착한 딸은 아니었어요. 맏딸에 맏며느리로, 평생을 다른 이들을 위해 살아왔으면서도 여전히 자식들 일이라면 무조건 헌신적으로 나서는 엄마를 이해하지 못했죠. '절대 엄마처럼 살지 않을 거'라고 엄마의 면전에서 말하는 모진 딸이었어요.

그러나 전 또 엄마의 헌신에 기대어 내 삶을 이어가게 됐어요. 하지만 이번엔 다르죠. 엄마와 전 이 새로운 관계에 진입하면서 처음으로 서로에게 '선'을 두었습니다. 그리고 이를 통해 엄마의 희생과 헌신은 더욱 값져

졌고요. 비록 엄마의 인생을 갉아먹는 못난 자식이지만 적어도 엄마가 이 시간에 대해 후회하거나 괴로워하지 않으시도록 양육 파트너로서 존중하고 배려하는 노력은 계속될 거예요.

지난 3년간의 제 경험을 6개 항목으로 정리해보았는데요. 모든 분들이 저 같진 않을 거예요. 친정엄마의 동거 육아, 결코 쉬운 문제는 아니기 때문이에요. 남편이나 아버지, 그리고 형제 등 가족과 생각이 달라 과정이 더 어려울 수도 있어요. 조부모 양육으로 인해 아이와 부모의 애착 관계에 문제가 생길 수도 있고요. 그저 많은 고민이 있을 어려운 길에 이 글이 작게나마 보탬이 되길 바랍니다.

친정 도움 못 받는 나,
억울한가요?

"복직하면 애는 누가 봐줘?"

임신한 저에게 지인들은 걱정스럽다는 듯 물었습니다. 친정은 부산, 시가는 원주. 제가 살고 있는 곳은 서울. 도움 받을 가족이 가까운 곳에 없었거든요. 양가 어머니 모두 생계를 위해 일을 하고 있는 상황이었고요. 무엇보다 육아휴직 끝나고 복귀 후가 걱정이었어요.

"에이, 뭐 어떻게든 되겠죠. 그때 가서 걱정할래요."

솔직히 그런 질문들이 싫었어요. 고민한다고 해서 해결될 일도 아니고, 그때는 정말 어떻게든 될 거라고 생각했거든요. 아이를 낳고서야 알게 됐죠. 가족, 특히 친정엄마의 도움을 받을 수 있느냐 없느냐가 삶의 질에 얼마나 큰 영향을 미치는지 말이에요.

딱 1시간, 30분만이라도

조리원에서 나왔는데 대부분의 조리원 동기들은 친정에 가 있거나 친정엄마가 집에 와 있더라고요. 친정엄마에게 아이 맡겨놓고 잠깐 커피 마시거나 운동하고 늦잠도 자고. 참 부러웠어요. 저희 엄마는 일하느라 바빠서 일주일 만에 부산으로 다시 돌아갔거든요.

혼자 아이 키우는 게 너무 막막하던 신생아 시절, 친정엄마와 함께 아이 데리고 나온 다른 엄마들이 얼마나 부러웠는지 몰라요. 친정 한번 가려 해도 신생아 데리고 부산까지 가는 건 보통 일이 아니었어요.

나는 왜 친정엄마가 있어도 도움을 받을 수 없을까, 서러워서 운 적도 있어요. 친정엄마랑 평소에 사이가 각별했느냐, 딱히 그런 것도 아니었어요. 엄마랑 하루 이상만 있어도 티격태격. 연락도 자주 안 해요. 그때는 왜 그렇게 엄마가 간절했을까요.

복직 후에는 상태가 더 심각했어요. 친정엄마 도움 받는 주변 직장맘과 제 처지를 계속 비교하게 되더라고요. '친정엄마가 도와주는데 대체 뭐가 힘들어? 나만큼 힘들어?'라는 삐딱한 생각도 했어요. 자꾸 누군가에게 기대고 싶다는 심리가 생기니까 육아는 더 힘들었고요.

친정, 시가 도움 없이 저와 남편 둘만의 힘으로 아이를 키우는 일은 생각보다 훨씬 고된 일이었어요. 늘 벼랑 끝에 서 있는 기분이었죠. 잠깐 숨 돌릴 틈, 그게 없더라고요. 퇴근하자마자 편의점 한번 들를 여유 없이 바로 버스정류장으로 뛰어갔어요. '딱 1시간, 아니 30분만이라도 누가 봐줄 수 있으면 좋을 텐데….' 특히 아이가 아플 때는 누군가의 도움이 절실했어요.

엄마랑 같이 살 수 있을까?

친정엄마나 시어머니랑 같이 살면 어떨까 진지하게 고민하기도 했어요. 친정도 시가도 멀리 있으니 같이 사는 방법밖에 없었거든요. 시터도 고려했지만 잘 모르는 사람 손에 아이를 맡기고 싶지는 않았어요. 좀 더 안정적으로 아이를 돌봐줄 사람이 있었으면 했어요.

하지만 오로지 아이 때문에 친정엄마나 시어머니와 함께 살 자신은 없었어요. 대학 입학 후, 10년 넘게 부모님과 떨어져 독립해 살았어요. 경제적으로도 심리적으로도 완전히 독립했다고 생각했어요. 저는 저만의 공간과 시간이 중요한 사람이에요. 남편과 아이가 아닌 다른 누군가와 함께 살 엄두가 안 났어요. 그게 친정엄마라 할지라도요.

친정엄마의 인생도 생각해야 했어요. 엄마가 지금 하고 있는 일을 그만두고 서울에 온다? 엄마의 경력은 단절될 텐데, 제가 엄마의 노후를 보장해줄 수는 없었어요.

게다가 친정엄마는 사람 만나기 좋아하는 외향적인 성격이에요. 그런 사람이 아는 사람이라고는 저밖에 없는 서울에 와서 답답하게 지낼 모습을 상상하니 한숨이 나더라고요. 부산에 혼자 있어야 할 아빠 생각도 나고요. 게다가 엄마는 엄마의 엄마, 그러니까 외할머니도 수시로 챙겨야 했어요. '낀 세대'의 비극이죠.

무엇보다 엄마는 아이를 볼 수 있을 만큼의 체력이 안 됐어요. 허리가 아파서 아이 안는 것도 힘들어 했으니까요. 손, 발, 팔, 등… 아이가 자랄수록 친정엄마는 아픈 곳이 늘어났어요. 제가 엄마가 되는 동안, 친정엄마는 할머니가 됐더라고요. 엄마는 많이 약해져 있었어요. 누구보다 엄마 자신을 먼저 돌봐야 했어요. 엄마는 말했어요.

"내가 그냥 돈 벌어서 애 선물 많이 사줄게."

'대리인간'을 찾아서

왜 나만 친정엄마 도움을 받지 못하는 걸까, 한동안 속상하고 억울했어요. 상황상 어쩔 수 없는 건데 '왜 나만 안 돼?' 하면서 억지를 부리게 되더라고요. 떼쓰는 애처럼요.

그러다 김민섭 작가가 쓴 『대리사회』(김민섭|와이즈베리)의 한 구절을 보게 됐어요. 김민섭 작가는 대학 강사 일을 그만두고 대리운전 하면서 글을 쓰고 있는데요. 대학에 남아있던 시절, 논문 쓰는 시간을 벌기 위해 아내, 장모님, 그리고 자신의 어머니에게 육아를 도와달라고 부탁하는 장면이 나와요.

한 아이를 키우기 위해서 두 세대의 희생이 필요한 시대다. 아이의 부모는 일하고, 은퇴한 조부모가 손자를 돌보고, 이것은 어느덧 한 '집안'이 살아남는 방식이 되었다. (중략) 한동안 그렇

게 '구걸'을 했다. 지금에 와서 돌이켜보면 나는 끊임없이 나를 대신할 '대리인간'을 찾아다녔다.

저도 김민섭 작가처럼 계속해서 '대리인간'을 찾았던 것 같아요. 사실 아이를 키우는 건 원래 저와 남편의 몫인데도 말이죠. 물론 도움을 받을 수 있다면 좋겠죠. 영유아 시기의 육아는 아이를 보는 사람이 많을수록 수월해지니까요. 도움이 받을 수 있다면 받으세요.

그런데 저처럼 상황이 안 된다면? 어쩔 수 없는 거예요. 현재 상황에서 최선을 찾아야죠. 육아는 나와 남편이 해야 할 일이라고 깔끔하게 인정하고 나니까 훨씬 마음이 편해졌어요. 물론 현실은 결코 녹록지 않았지만요.

비교하지 마세요

한국처럼 장시간 노동 사회에서 조부모 도움 없이 육아를 한다는 건 결코 쉬운 일이 아니에요. 남편은 야근하고 새벽에 들어와서도 아침에 일어나 아이를 돌봐야 했어요. 저는 저대로 회사에서 이미 녹초가 된 상황에서 육아출근을 해야 했고요. 아이가 아프거나 어린이집에 갈 수 없는 상황이 되면 완전 비상이었어요. 아이에게도 회사에게도 늘 미안한 상황이 반복됐어요.

대신 남편과 저는 끈끈한 육아동지가 되었어요. 남편과 제게 비빌 언덕은 서로밖에 없었어요. 다행히 저와 남편은 출퇴근 시간이 조정 가능해서 남편이 어린이집 등원을, 저는 하원을 담당하고 있어요. 덕분에 아이가 커가는 모습을 좀 더 밀착해서 볼 수 있었어요. 아이와 관련된 사소한 것 하나까지도 늘 공유하고요. 아이는 엄마보다 아빠를 더 많이 찾아요.

도움 받을 수 있는 건 최대한 받았어요. 일주일에 두 번 가사도우미가 와서 빨래와 청소, 집 정리를 해줬어요. 주말에는 시부모님이 자주 아이를 봐줬고, 한두 달에 한 번씩 친정엄마가 며칠씩 있다 가기도 했어요. 심지어 친정아빠 혼자 휴가 내고 서울에 와서 아이를 봐준 적도 있고요. 덕분에 잠깐이라도 숨을 쉴 수 있었어요. 그렇게 어느새 30개월 넘게 흘렀네요.

아마 저처럼 부모님의 도움을 받기 힘든 분들도 많을 거예요. 그런 사람들에게 꼭 들려주고 싶은 말은, 남들과 비교하지 않았으면 한다는 거예요.

친정엄마가 도움을 준다고 해서 육아가 마냥 쉬워지는 건 아니에요. 친정엄마에게 두 아이를 맡기는 한 선배가 그러더라고요.

"나도 퇴근할 때 편의점 못 들러. 엄마가 나만 기다리고 있는 거 아니까."

친정엄마에게 도움을 받는 친구들은 그 친구들 나름대로 고충이 있더라고요. 모든 선택에는 책임이 따르니까요.

세상에 쉬운 육아는 없어요. 각자 사정이 다를 뿐이죠. 비교하지 마세요. 비교하는 순간 육아는 지옥이 돼요. 자신이 처한 상황을 인정하고, 그 안에서 해결책을 찾아보아요.

엄마의 책

홍현진

『딸에 대하여』

김혜진 | 민음사

나 같은 딸을 낳아 키우는 심정

그런 책이 있다. 책장을 넘기면서 화자에게 나를 계속 대입해 보게 되는 책. 두고두고 곱씹어보게 되는 책. 읽을 때보다 읽고 나서 여운이 더 많이 남는 책. 그런데 그 화자가 60대 엄마다.

김혜진 장편소설 『딸에 대하여』의 화자는 30대 딸을 둔 엄마다. 남편은 몇 년 전 병으로 세상을 떠났고, 요양보호사 일을 하며 혼자 살아가고 있다. 어느 날 대학 강사 일을 하는 딸이 여자 친구를 데리고 집에 들어온다. 동성 연인 레인이다. 엄마와 딸, 그리고 딸의 애인. 세 여자의 어색한 동거가 시작된다.

소설은 딸이 엄마에게 목돈을 빌려달라고 하는 대목으로 시작한다. "이럴 때 엄마한테 말하지 누구한테 말해."라며 협박 아닌 협박을 하는 딸. 늙어버린 엄마에게 남은 건 남편이 남기고 간 집밖에 없는데, 그 집을 담보로 돈을 빌려달라니. 엄마는 머릿속이 복잡하다.

책을 읽는 내내 참 많이 찔렸다. 소설 속 '망할 년'이 꼭 나 같아서. 자식으로 태어난 게 대단한 권리인 줄 알고 너무 당당하게 엄마의 희생을 요구하는 딸. 저 혼자 잘나서 큰 줄 알고, 모든 게 제멋대로에, 엄마랑은 제대로 대화도 하지 않는 딸. 나 같은 딸을 키우는 심정은 이랬겠구나, 엄마 생각이 많이 났다. 『딸에 대하여』 감상 포인트 셋.

1. 딸애는 내 삶 속에서 생겨났다

> *딸애는 내 삶 속에서 생겨났다. 내 삶 속에서 태어나서 한동안은 조건 없는 호의와 보살핌 속에서 자라난 존재. 그러나 이제는 나와 아무 상관없다는 듯 굴고 있다. 저 혼자 태어나서 저 스스로 자라고 어른이 된 것처럼 행동한다. 모든 걸 저 혼자 판단하고 결정하고 언젠가부터 내게는 통보만 한다.*

"내가 너를 어떻게 키웠는데." "어떻게 네가 나한테 이럴 수 있어." 드라마 속 엄마의 클리셰. 참 싫었다. 왜 엄마는 아이와 자신을 동일시하는 걸까. 그게 얼마나 자식을 숨 막히게 하는 건지 모르는 걸까. 나는 절대로 그런 엄마가 되지 않으리라 다짐했다.

"엄마 나빠! 제일 나빠!" 얼마 전 3살 아이가 떼를 쓰며 그 작은 손으로 나를 때리는데 불쑥 억울한 마음이 들었다. 내가 어떻게 너를 키웠는데… 라는 익숙한 대사가 나오는 걸 꾹 참았다.

엄마가 되고 나서야 아이가 '내 삶 속에서 생겨났다.'는 표현이 무슨 뜻인지 알게 되었다. 제 발로 서고 걷고 생각할 수 있을 때까지. 아니, 그러고 나서 한참 뒤에도 아이는 부모의 손길을 필요로 한다.

아이는 내 삶을 먹고 무럭무럭 자란다. 아이가 어른이 될 때까지, 부모는 자신의 시간과 정성과 체력과 돈을 아이에게 쏟을 수밖에 없다. 그 과정에서 많은 걸 포기해야 한다. 때로는 자기 자신도. 부모 자식 관계가 좀처럼 쿨해지기 어려운 이유다. 부모는 자식과 자신을 동일시한다. 어느 순간 나는 사라지고 자식이 곧 내가 된다.

2. 나한테도 권리가 있다

출산 전까지만 해도 아이 인생과 내 인생은 명백히 별개라고 생각했다. 아이는 독립된 인격체라고. 아이가 예정일을 일주일 넘기고 나오는데도 '아이의 의사를 존중하는 부모가 되겠다.'며 빨리 나오라는 소리도 안 할 정도였다. 배 속에 있을 때 태담도 안 했다. 부담될까 봐.

아이에게 내 욕망을 투영하지 않으리라, 나와 아이를 동일시하지 않으리라, 아이가 어떤 선택을 해도 존중하리라. 나는 그렇게 할 수 있을 줄 알았다.

나한테도 권리가 있다. 힘들게 키운 자식이 평범하고 수수하게 사는 모습을 볼 권리가 있단 말이다.

예전 같았으면 참 숨 막혔을 이 말이, 조금은 이해가 갔다. 소설 속 엄마는 딸에게 레인이 어떤 존재인지 분명히 알고 있다. 그럼에도 온 힘을 다해 부정하려 한다. 자신의 딸이 평범하고 정상적으로 살 수 있게 도와달라는 억지를 부리며 레인에게 떠나달라고 애원한다. 딸을 지켜줄 수 있는 건 가족인 자신뿐이라고 굳게 믿는다.

그러면서 엄마는 혼란스러운 감정을 느낀다. 엄마는 평생 자신을 '좋은 사람'이라고 생각하며 살아왔다. 공감하고 이해하고 헤아리는 사람이라고. 그런데 자신의 딸조차 이해하지 못하고 부끄러워하고 있다. 엄마는 그런 자신이 싫다. 내 배로 낳은 자식을 부끄러워한다는 건 자신이 살아온 인생 전체를 부정하는 것이나 마찬가지니까. 동시에 자신이 뭔가 잘못해서 딸이 평범한 삶을 살지 못하는 건 아닐까 죄책감을 느낀다.

소설을 읽으며 양가적인 감정이 들었다. 엄마의 심정이 이해가 가면서도, 나도 소설 속 엄마 같은 '흔한 엄마'가 될까 봐 두려웠다. 벌써부터 나는 종종 아이와 나를 동일시한다. 아이가 세상에 어떻게 보이는지가 곧 내 모습이라고 착각한다. "다 널 위해서 그런 거야."라는 말로 아이를 통제하려 한다. 이러다 나도 아이에게 내 권리를 주장하게 되는 게 아닐까.

3. 딸애의 세계는 나로부터 너무 멀다

엄마가 세상의 전부라고 알던 아이. 내 말을 스펀지처럼 빨아들이며 성장한 아이. 아니다, 하면 아니라고 이해하고 옳다, 하면

옳은 것으로 받아들이던 아이. 잘못했다고 말하고 금세 내가 원하는 자리로 되돌아오던 아이. 이제 아이는 나를 앞지르고 저만큼 가 버렸다. 이제는 회초리를 들고 아무리 엄한 얼굴을 해 봐도 소용이 없다. 딸애의 세계는 나로부터 너무 멀다. 딸애는 다시는 내 품으로 돌아오지 않을 것이다.

사실 엄마는 이미 알고 있다. 딸이 자신의 품을 떠나버렸다는 걸. 아무리 꾸짖어봐야 소용이 없다는 걸. 딸에게는 딸의 인생이 있다는 걸. 하지만 그걸 머리가 아닌 마음으로 받아들이는 건 쉽지 않다.

나도 알고 있다. 내 기준으로 옳고 그른 것을 하나하나 가르치던 아이는 어느 순간 내 기준에 반기를 들 것이다. 나 역시 우리 엄마에게 그런 딸이었다. 세상이 변했다고, 엄마가 틀렸다고, 눈을 똑바로 뜨고 말했다. 나도 이제 성인이라고, 내가 다 알아서 하겠다고. 그렇게 잘난 척하더니 제 새끼 태어나니 수시로 엄마를 찾는다. 왜 좀 더 나를 도와주지 못하냐고 원망한다.

내 품에 있는 작은 아이도 언젠가 커서 나 같은 자식이 될 것이다. 솔직히 두렵다. '너 같은 자식 낳아서 키워봐라.'는 말이 이렇게 무서울 줄이야…. 아이를 키우면 키울수록 나 같은 딸을 30년 넘게 키우고 있는 엄마는 어떤 심정일지 생각하게 된다. 그렇다고 해서 내가 좋은 딸이 되었냐면 그럴 리가 없다. 깨달음은 잠깐이다.

소설을 쓴 김혜진 작가는 83년생이다. 김혜진 작가는 인터뷰에서 "엄마(부모)는 자식인 딸에 대해 이해하고 싶고, 또 그래야 한다고 생각하지만, 또 한편으로는 딸을 가장 이해할 수 없고, 이해하고 싶어 하지 않는 사람"이라고 말했다.

나를 낳았고 나와 가장 가까운 관계를 맺으며 살아왔지만, 너무 가깝기에 나를 온전히 이해하지 못하는 사람. 타인에게는 기꺼이 베푸는 소통과 배려를 까맣게 잊은 채 자꾸만 생채기를 내게 되는 사람. 두 번 다시 안 볼 것처럼 멀어졌다가도 결국에는 다시 찾게 되는 사람. 엄마는 내게 어떤 존재일까. 나는 내 아이에게 어떤 존재가 될까.

『딸에 대하여』 덕분에 나는 엄마에 대해 아주 오랫동안 생각하게 됐다.

이런 사람들에게 추천

☞ (나처럼) 싸가지 없는 딸이라면

☞ 내 자식도 나 같을까봐 겁난다면

☞ 엄마를 이해하고 싶다면

5. 어린이집, 믿으셔야 합니다

어린이집을 믿고 싶은 당신이 해야 할 일

최근 돌을 맞은 둘째가 아장아장 걷는 모습을 보면 마음이 벅차지만 한편으론 걱정이 스멀스멀 피어오르기 시작해요. 어린이집에 갈 때가 되었기 때문이에요. 복직을 앞두고 치르는 큰 행사입니다.

15개월부터 어린이집에 다녔던 첫째는 다행히 좋은 어린이집에서 좋은 선생님들을 만나 아주 잘 크고 있어요. 하지만 또다시 의사 표현도 제대로 못하는 어린아이를 시설에 맡기려니 걱정이 앞서는 게 사실이에요. 심심치 않게 들려오는 어린이집에서 일어난 무서운 사건·사고 소식에 모든 부모처럼 저도 마음이 무겁거든요.

그렇다고 아이들을 어린이집에 보내지 않으면 우리 부부 중 한 사람은 일을 할 수 없게 돼요. 아마도 제가 그럴 확률이 더 높겠죠. 하지만 둘 중 누구도 일을 그만둘 수는 없어요. 자아실현도 좋지만 애가 둘인데, 열심히 벌어야죠.

지금 이 글을 쓰고 있는 내일 둘째 어린이집 오리엔테이션을 앞두고 있어요. 남편과 참석할 예정인데요. 어린이집 시설, 분위기, 원장선생님&담임선생님 등이 어떨지 기대도 되고 걱정도 돼서 마음이 바빠요. 새 학기를 앞두고 저와 같은 마음인 분들이 많을 거예요.

그럼에도 불구하고 둘째도 잘 적응할 거라 믿어요. 어린이집에서 잘 배우고, 잘 크고 있는 첫째처럼요. 돌아보니 이 '믿음'이란 게 어린이집에 아이들을 맡기는 데 필요한 마음가짐의 8할인 것 같아요. 마냥 쉽지는 않겠지만 어린이집이 아니면 방법이 없는 부모들이라면 어린이집, 그리고 선생님에 대한 신뢰가 꼭 필요하겠더라고요. 그래서 제가 어린이집을 믿기 위해 노력했던 세 가지에 대해 얘기해볼까 해요.

1. 용기를 내요

사실 전 어린이집과 선생님들을 그저 믿는 수밖에 없어요. 이런저런 걱정이 앞선다 한들 어린이집 외에 달리 아이들을 맡길 곳이 없기 때문이에요. 비단 저만의 사정은 아닐 거예요.

처음엔 말도 못 하는 아이를 시설에 떼어두고 일터로 나가야 하는 죄책감과 오랜 시간 내 눈에 보이지 않는 곳에 아이를 둬야 하는 두려움을 극복하는 게 쉽지는 않아요. 하지만 그렇다고 해서 그 죄책감과 두려움을 시설이나 선생님에게 그대로 내비치는 게 그리 좋은 방법은 아닌 것 같았어요. 행여 적개심으로 비쳐 처음부터 선생님과의 관계가 틀어질까 걱정이 됐거든요.

긴 고민 끝에 용기를 냈습니다. 믿기로 결심한 것이죠. 달리 방법이 없기도 했거니와 어쨌든 아이가 앞으로 많은 시간을 함께 보낼 공간, 사람인데 신뢰 없이 관계를 시작하는 게 도리어 말이 안 됐어요. 적당한 거리도 필요하겠지만 '신뢰 구축'이 기본적으로 채워야 할 첫 단추라고 생각했죠.

저의 이런 마음가짐과 함께 첫아이는 어린이집 생활을 시작하게 됩니다.

2. '또 하나의 엄마' 다른 관점 갖기

복직 후 첫째는 오전 9시부터 오후 5시까지 하루에 8시간 동안 어린이집에 있었어요. 그나마 친정어머니 도움을 받았으니 이 정도지 도움을 못 받는 맞벌이집 아이들은 더 많은 시간을 어린이집에서 보낼 거예요. 평일에는 엄마, 아빠와 보내는 시간보다 어린이집에서 선생님과 보내는 시간이 절대적으로 더 많았죠.

다정하셨던 첫 번째 선생님 덕분에 아이는 어린이집과 친구들에게 금방 정을 붙였어요. 마냥 아기 같았는데 어린이집을 다니면서 줄을 서서 기다리는 법, 혼자 낮잠 자는 법, 장난감을 정리하는 법 등을 배워나갔죠. 태어나 15개월 동안 제가 가르쳐준 것보다 더 많은 것들을 어린이집에서 배우고 커가는 아이를 보면서 기특하기도 하고 마음 한구석이 허전하기도 하고…. 복잡 미묘했어요.

이런 상황에서 자연스럽게 어린이집 선생님은 제 아이의 '또 하나의 엄마'라는 생각이 들었어요. 저희보다 더 많은 시간을 아이와 함께 보내는 선생님은 아이가 부모 다음으로 혹은 더 많은 가르침과 영향을 받는 사람이었으니까요.

어린이집 선생님은 그저 외주화된 보육 서비스를 제공하는 사람이 아니라 내 아이와 주요한 영향을 주고받는 공동양육자였던 거예요.

어느 날 아이와 이야기를 하다가 "어린이집에 있을 때는 선생님이 엄마니까 말씀 잘 듣고 잘 따라야 한다."고 얘기한 적이 있는데 그걸 선생님께 말씀드렸던 모양이에요. 선생님은 수첩을 통해 이를 언급하며 "믿어주셔서 감사하다."고 인사를 전하셨어요.

제가 운이 좋기도 했어요. 지금까지 만난 세 분의 어린이집 담임선생님 모두 이런 제 마음을 감사하게 생각해주시며 아이를 진심 어린 사랑과 정성으로 돌봐주셨거든요. 도리어 감사드려야 할 사람은 저인데 말이죠. 세 분 모두 다자녀를 둔 엄마이셨는데요. 어린이집 선생님이자 부모, 그리고 워킹맘으로서 제 마음을 잘 헤아려주신 것 같아요.

3. 적극적인 소통

어린이집 선생님을 믿는다는 게 처음에는 용기가 필요할 만큼 어려운 일이었지만 시간이 지나니 자연스러워졌어요. 탈이 없는 한 내 아이를 계속해서 믿고 맡기니 신뢰는 점점 더 단단해져요. 하지만 사람일이니 더러 문제가 생기기도 하는데요. 괜한 오해가 생기지 않으려면 어린이집과 학부모 서로의 노력도 필요해요.

지금 첫째아이가 다니는 어린이집은 지난해 이사를 하면서 옮기게 된 곳이에요. 가정 어린이집에 다녔었는데 이사한 동네에는 당장 갈 곳이 없어 차량으로 등하원을 해야 하는 규모가 큰 민간 어린이집에 다니게 됐죠. 사실 처음 어린이집에 보낼 때보다 더 걱정이 됐어요.

그런데 20년이 된 민간 어린이집은 뭐가 다르긴 다르더라고요. 아이의 작은 상처나 대수롭지 않게 넘길 수 있는 특이 사항도 통지가 확실했어요. 하루가 멀다 하고 담임선생님께 전화와 메시지가 왔죠. 수첩 메모와는 별개로요. 처음엔 매번 무슨 일이 있나 가슴이 철렁했는데 이제는 담임선생님의 연락이 익숙해졌어요.

이 어린이집은 아마도 지난 20년간 참 많은 일을 겪었을 테죠. 그래서 잡음이 발생하지 않도록 나름 신속하고 체계적으로 대응하는 것 같아요. 공교롭게도 최근 아이가 어린이집에서 두 번 다쳐왔는데 원장선생님과 담임선생님께서 일단 덮어놓고 죄송하다고 연신 사과를 하시는 통에 민망하기까지 했어요. 결론적으로 둘 다 아이의 잘못으로 다친 것이었고 상처가 그리 심하지도 않았죠.

이러한 어린이집의 시스템이 학부모에게 '신뢰'를 요청하는 시그널이라고 생각해요. 지금 어린이집은 조금 무리하시는 것 같기도 하지만 워낙 안 좋은 뉴스가 많으니 나름대로 노력을 하시는 거라 이해해요. 그리고 전 이 시그널에 '신뢰'로 답을 하기로 마음을 먹었어요.

저 또한 이런 마음을 먹은 순간부터는 더욱 노력해요. 마음뿐만 아니라 실천을 하는 것이죠. 종종 실수가 있긴 해도 가능한 매일 아이의 상태에 대해 충실히 알리고 궁금한 점은 괜한 오해가 생기지 않도록 그때그때 바로 물어요. 하지만 따로 연락하는 것은 되도록 지양하고 대신 매일같이 열심히 수첩을 쓰죠. 준비물도 늦지 않게 잘 챙기려고 노력해요. 그리고 '신뢰'라는 큰 틀 안에서 해가 되지 않는 작은 것들은 못 본 척, 못 들은 척하기도 하고요

신뢰라는 게 한쪽만 잘한다고 생기는 게 아니잖아요. 함께 노력할 때 더욱 빛을 발하는 것 같아요.

어린이집 선생님과 부모는 아이라는 아주 예민한 존재를 매개로 연결된 관계잖아요. 선이 있어야 할 타인이면서도 절대적으로 서로의 존재가 필요한 양면을 갖는 사이. 정말 어려운 관계죠. 그렇기 때문에 이 관계를 건강하게 유지하기 위해서 '신뢰'가 더욱 필요한 것 같아요.

운이 아니길

어린이집 선생님에 대한 신뢰를 두고 '운'이라는 얘기도 많아요. 사람일이다보니 어떤 사람을 만나느냐에 따라 달라지는 일이기도 하니까요. 하지만 대부분의 영유아가 어린이집에 가는 상황에서 이런 일을 계속 운에 맡기는 건 너무나 위험해요.

저도 제 아이를 맡긴 어린이집과 선생님을 신뢰하긴 하지만 아이 문제이기 때문에 늘 신경을 곤두세우고는 있어요. 둘째아이만 해도 두 군데의 가정 어린이집에서 입소가 가능하다고 전화가 왔는데, 어느 곳이 더

좋은 곳인지 하루 종일 평가를 수소문했어요. 그 평가는 주로 선생님들에 대한 것이었죠.

사실 지난해 하반기에 새로 생긴 곳들이라 유용한 정보를 찾지는 못했어요. 그저 전화를 건 원장선생님의 목소리 톤을 주요한 기준으로 한 곳을 결정할 수밖에 없었죠. 더 밝게 적극적으로 얘기해준 분이었어요. 이런 결정을 한 제 상황이 너무나 안타까워요.

운의 확률을 낮추려면 아무래도 시스템이 제대로 갖춰져야겠죠. 보육교사가 전문가적 소양을 더 갖출 수 있는 시스템 보완이나 보육현장의 처우개선 등이 이뤄져야 할 거예요. 안정적인 시스템이 갖춰진다면 학부모도 보육 서비스에 대한 관점을 자연히 달리 가질 수 있겠죠. 신뢰가 더욱 두터워지는 것은 물론이고요.

무조건 믿어야 하는 상황이긴 하지만…. 내일 만날 둘째아이의 담임선생님도 분명 좋은 분일 거라 믿어요. 행운을 빌어주세요.

어린이집에서 아빠가 '인싸' 되는 법

아이가 태어나 처음으로 졸업이란 걸 했습니다. 그래봤자 가정형 어린이집 생활을 마치고 더 큰 보육기관으로 옮기는 거지만, 기분이 묘했답니다. 지난 2월 말에는 소박한 졸업식도 열렸어요. 가정당 학부모 1명이 대표로 참석할 수 있었는데요, 저희 집에선 남편이 갔습니다. 저도 가고 싶었지만 남편이 너무도 간절히 원해서 제가 양보했답니다. 근무까지 미리 조정하며 의지를 불태우더군요.

무엇보다 선생님들도 '태양이 아빠가 꼭 와주셨으면 좋겠다.'고 하시니 어쩔 수 없었어요. 실제로 저보다는 남편이 선생님들과 사이가 가깝거든요. 무슨 일이 있어도 늘 남편에게 먼저 연락이 왔어요. 원장선생님께서는 지자체에서 사례 발표를 할 때 제 남편을 모범 학부모(?)로 소개하기도 했다네요. 남편은 선생님뿐만 아니라 다른 부모들과도 사이가 좋았어요. 저보다 더 많은 부모들을 알고 있으니 말 다했죠.

남편이 처음부터 어린이집 '인싸'였던 건 아니에요. 아이가 가정형 어린이집을 다닌 2년간 저와 남편, 선생님 모두 함께 노력한 결과예요. 그 노하우를 여러분과 함께 공유하려 합니다. 어린이집에서 아빠가 '인싸' 되는 법 3가지.

1. 아빠 전화번호를 등록한다

아이가 생후 15개월일 때 어린이집에 보내기 시작했습니다. 제가 육아휴직 1년을 마치고 복귀한 시점이죠. 곧바로 남편이 안식월 1개월에 육아휴직 3개월을 붙여 썼습니다. 그동안 남편이 아이를 어린이집에 적응시키는 일을 맡기로 했어요.

남편 투입(?)에 앞서 제가 먼저 어린이집을 찾아가 이런 상황을 설명 드렸어요. 그리고 부부의 번호를 둘 다 알려드리며 강조하고 또 강조했죠.

"앞으로 모든 연락은 애 아빠에게 먼저 주세요."

저는 아빠 역시 어린이집의 대표 보호자가 될 수 있다고 생각했어요. 같이 애를 만들고(?), 함께 애를 키우는 거라면, 학부모 노릇도 동등하게 해내야 한다는 게 제 문제의식이었죠. 그런데 막상 아이를 키워보니 어린이집에서도, 유치원에서도, 학교에서도 학부모는 곧 엄마를 뜻했어요. 아빠는 행사 때 가끔 등장하는 게스트 정도?

저희만 해도 그랬어요. 누가 시킨 것도 아닌데 제가 복직에 맞춰 어린이집을 알아보고, 대기 신청을 하고, 상담을 하러 갔죠. 반면에 남편은 제게 결과를 듣기만 하더라고요. 아무런 고민도, 조사도 하지 않는 모습이었어요. 육아에 적극적인 남편 역시 '학부모=엄마'라는 사회적 통념을 벗어나진 못하는 듯했죠. 이건 아니다 싶었습니다.

특히 저희는 둘 다 직장생활을 하기 때문에, 성별보다는 성격과 기질에 따라 역할을 나누는 게 더 적절하다고 봤어요. 저보다 훨씬 더 섬세하고 사교적인 남편이 대표 학부모로 활동하고 제가 보조역할을 맡는 게 합리적이라고 판단한 이유입니다.

처음에는 아빠 전화번호를 잘못 알려줬나 싶었어요. 모든 연락이 제게만 왔거든요. '어머니, 원복 입혀 보내주세요.' '특별활동비 입금해주세요.' '고무줄 보내주세요.'…. 정작 아이를 데려다주고, 데려오고, 도시락통을 씻고, 가정통신문을 확인하고, 알림장 쓰는 걸 전부 남편이 하는데 말이죠.

하지만 남편은 여기서 포기하지 않았습니다. 어린이집에 자신의 존재감을 각인하기 위해 플랜 B에 돌입했습니다.

2. 아빠가 알림장을 쓴다

'키즈노트'라는 어플리케이션을 아시나요? 어린이집이나 유치원에서 사용하는 스마트알림장인데요. 저희 어린이집에서는 아이 보호자 1명이 대표 아이디를 등록해 알림장을 주고받거나 선생님이 올려주시는 사진을 보도록 했습니다.

앱에 올라오는 어린이집 공지사항에는 부모들의 댓글이 달리곤 했는데요. 잘 보면 닉네임이 대부분 '~엄마'로 끝났어요. 그 사이에서 저희는 '~아빠'로 끝나는 닉네임을 쓰는 유일한 가정이었어요. 남편이 대표 아이디로 가입했기 때문이죠. (저는 남편 아이디로 로그인해 앱을 이용했습니다.)

남편은 아침 출근길마다 키즈노트 앱의 알림장을 열어 담임선생님께 편지를 썼습니다. 하루도 빠짐없이요. 아이에게 어제 이런 일이 있었다, 뭘 먹었다, 잠을 얼마나 잤다, 잘 부탁드린다…. 내용이나 형식은 거의 똑같았지만, 아빠가 아이를 '주도적으로' 돌보고 있다는 걸 알리는 데 의의를 둔 듯했습니다. 또한 남편 역시 매일 알림장을 쓰기 위해 아이를 더 자주 관찰하는 모습이었어요.

남편이 대표 아이디로 가입한 김에 가정통신문과 공지사항을 확인하는 일도 전담했습니다. 어린이집 교육, 소풍 같은 행사 일정 체크뿐만 아니라 참석까지 거의 다 남편이 했어요.

처음에는 성인 여성뿐인 공간에 남편 혼자 덩그러니 있으니 다들 어색해하는 듯했대요. 그래도 자꾸 얼굴을 비추고 인사하고 아이에 대한 이야기를 하다 보니 선생님뿐만 아니라 다른 부모님들과도 서서히 친해졌답니다. 실제로 제가 어린이집 엄마들을 가끔 만나면 "남편분이 아이에게 관심이 많은 것 같아요."라는 말을 듣곤 했어요. 성별은 달라도(?) 똑같은 부모임을 인정받은 순간이라고 남편 스스로 평가하더군요.

남편이 평일 아침마다 알림장을 쓴 지 6개월 정도 지났을 때였어요. 담임선생님께서 남편의 알림장에 댓글을 남겼습니다. '아버님, 이제 매일 안 써주셔도 돼요^^' 그 이후로는 어린이집에 무슨 일이 있으면 남편에게 먼저 전화가 오기 시작했답니다.

3. 아빠가 이벤트를 준비한다

아빠가 육아의 주체가 되는 법은 여러 가지가 있지만, 핵심은 단 하나입니다. 권한을 나눠야 합니다. 그 결과가 내 성에 차지 않더라도 믿고 맡겨야 한다고 생각해요. 회사에서도 시키는 일만 하면 왠지 하기 싫은 마음이 피어오르곤 하잖아요.

육아도 마찬가지 같아요. 이것저것 하라고 요구하기에 앞서, 결정하고 조정하고 책임질 권한도 함께 줘야 상대방이 '내 일'이라는 의식을 갖고 적극 나서는 듯해요. 무엇보다 권한에는 책임이 따르기 마련이에요. '내가 안 하면 안 된다.'는 사명감에 불타올라 열심히 하게 되는 것 같아요.

저는 남편에게 어린이집 생일잔치 답례품을 결정할 권한을 위임했습니다. 저로선 쉽지 않은 결단이었어요. 머리로는 부모가 동등하게 보육에 참여해야 한다 생각하면서도 '그래도 선물 같은 건 엄마가 더 잘 고르지 않을까.' '남편이 엉뚱한 걸 사면 어떡하나.' 걱정되더라고요. 그래도 지금이 아니면 안 된다는 생각에 남편에게 도움을 요청했습니다. 남편에게 조금 더 주체적인 아빠가 될 수 있는 기회를 주고 싶었어요.

남편은 아이 말고 엄마를 위한 생일 답례품을 준비하자는 아이디어를 냈습니다. 함께 상의해 핸드크림으로 정했어요. 때마침 겨울이었고, 육아하느라 거칠어진 엄마의 손을 응원하자는 취지였죠. 저는 물건을 공수(?)

해왔고, 남편은 예쁜 메모지에 20명의 엄마들에게 메시지를 적어 하나씩 포장했습니다. 선생님들에게도 따로 손편지를 정성스레 썼습니다.

어린이집에서 아이 생일잔치가 열린 날, 정말 많은 감사 인사를 받았습니다. 남편이 아니었다면 이런 뿌듯함을 느껴보지 못했을 겁니다.

편지를 받아본 원장선생님은 단번에 애 아빠가 쓴 걸 알아채시고는 남편에게 문자메시지로 답장을 보내셨대요. 사실 남편이 선생님들께 편지를 쓴 건 처음은 아니었답니다. 지난 스승의 날에도 원장선생님과 담임선생님께 감사 편지를 보낸 적이 있어요. 그때 글씨체를 기억하셨나봐요. 진심은 쉽게 잊히지 않는다는 걸 그렇게 또 한 번 깨달았습니다.

다시 졸업식 이야기로 돌아가보겠습니다. 그날 남편은 원장선생님의 부탁으로 학부모를 대표해 급작스럽게 모두발언을 하게 됐대요. 남편은 그 일을 제게 전하면서 멋쩍은 표정을 지었지만, 내심 뿌듯한 듯했어요. 2년간의 분투 끝에 드디어 인정받았다고 느낀 순간이 아니었을까 싶네요.

그날 남편은 이렇게 말했다고 해요.

"선생님들 덕에 아이들이 이만큼 자랐고, 저희 부부가 마음 놓고 일을 했습니다."

저도 남편에게 말해주고 싶어요. 당신 덕에 제가 몸 편히, 마음 편히 일하는 엄마로 살 수 있었습니다. 기꺼이 육아의 동반자가 되어 주어서 고맙습니다. 앞으로도 잘 부탁해요.

엄마도 자라고 있단다

엄마도 아이도 성장하는 시간

아이를 어린이집에 보내기 시작한 건 생후 10개월쯤이었어요. 아이 돌이 6월, 복직이 9월. 원래는 돌 지나고 아이를 어린이집에 보낼 계획이었죠. 그런데 더 빨리 어린이집에 보낸 이유는 단 하나. 제가 살기 위해서였어요.

10개월이 되면서 육아는 다른 차원으로 어려워졌어요. 아이는 호기심과 에너지가 대폭발했고 계속해서 자기에게 관심 가져주기를 바랐어요. 기고, 짚고 서고, 넘어지고. 온 집안을 휘젓고 다니는 아이에게서 한시도 눈을 뗄 수 없었어요. 화장실 가는 것조차 어려워졌을 때, 저는 진심으로 절망했어요. 먹고 자는 것에 이어 싸는 권리까지 박탈당하다니. 인권이 사라진 느낌이었죠.

하루에 단 몇 시간이라도 아이에게서 벗어나 저만의 시간을 보내고 싶었어요. 숨구멍이 간절했어요.

나 살겠다고 저 어린 걸

"그래도 돌은 지나서 보내야지."

"말도 못하는 애를 어린이집 보낸다고?"

"어휴, 그 어린 것을…."

아이를 어린이집에 보낸다고 하자 사람들은 말했어요. 물론 그런 말을 했던 사람 중에 어린이집을 대신해 아이를 봐줄 사람은 없었어요. 그런 말들은 고스란히 저와 남편에게 상처가 됐어요.

아이를 처음 어린이집에 보낼 때 엄청난 죄책감에 시달렸어요. 나 살겠다고 말도 못하는 어린애를 벌써부터 어린이집에 보내는 게 맞을까. 그때도 뉴스에는 하루가 멀다 하고 어린이집과 관련된 부정적인 뉴스가 나왔어요.

어린이집 등원을 앞두고 머릿속에는 온갖 최악의 부정적인 시나리오가 그려졌어요. 면담할 때 본 가정형 어린이집은 상상 이상으로 좁았고 교사들은 지쳐 보였어요. 아직 걷지도 못하는 애가 잘 적응할 수 있을까. 어린이집 입학 직전까지도 등원을 취소할까 진지하게 고민했어요.

다행히 아이는 어린이집에 잘 적응했어요. 낯을 안 가리는 시기였고 새로운 놀잇감, 새로운 사람들을 좋아했어요. 헤어질 때 울지 않고 엄마아빠와 떨어져 신나게 잘 놀았어요. 그래도 온전히 어린이집 다닐 때까지는 꽤 오랜 시간이 걸렸어요. 아직 면역력이 약한 아이는 자주 아팠어요. 감기에 계속 걸렸다 나았다를 반복했어요. 늘 콧물을 달고 살았어요.

어린이집에 안정적으로 적응했다 싶었을 때쯤, 아이는 수족구에 걸렸어요. 처음으로 열이 40도까지 오르는 아이를 보며 저는 또 죄책감을 느꼈어요. '어린이집에 괜히 보내서….' 나 때문에 아이가 고생하는 것 같았죠. 아이는 보름 가까이 어린이집에 가지 못했어요. 다시 24시간 아이 돌보기를 반복하면서 저는 깨달았어요. 제게는 어린이집이 꼭 필요하다는 걸요.

"애는 엄마가 봐야지"라는 말

아이를 온종일 계속 돌보는 건 정말이지 너무 힘들었어요. 아이와 함께 있는 시간이 늘어날수록 마음은 자꾸만 다른 곳을 떠돌았어요. 스마트폰을 만지작거렸고, 저도 모르게 아이에게 짜증을 내고 한숨을 쉬었어요. 의문이 들었어요. '이렇게 질 낮은 시간을 보내도 과연 엄마가 애를 보는 게 최선일까.'

육아를 유난히 힘들어하는 저를 보고 언젠가 친정엄마는 말했어요. 예전에는 대가족이 함께 살았으니 아이를 봐줄 손도 많았고, 골목에서 애들이 다 같이 컸으니 아이를 혼자 키우지 않아도 됐다고요. 그런데 요즘 엄마들에게는 대가족도, 이웃도 없으니 혼자 아이를 키워야 해서 너무 힘들다고요. 게다가 요즘 엄마들은 자기 자신으로 살고 싶은 욕구가 훨씬 크잖아요. 저도 그런 엄마였고요.

단 30분. 처음 아이를 어린이집에 떼어놓고 혼자만의 시간을 보내던 순간을 기억해요. 어린이집 근처 가까운 카페로 가서 커피 한 잔 시켜놓고 스마트폰으로 전자책을 읽었어요. 분 단위로 시간을 재가면서 자유를 만끽했어요. '살 것 같다.'는 말이 절로 나왔어요.

그러면서도 한편으로는 또 죄책감을 느꼈어요. 아이를 조금이라도 늦게 데리러 가면 모성애 없는 엄마처럼 보일까 봐 종종걸음으로 어린이집에 아이를 찾으러 갔어요. 제가 얼마나 달콤한 30분을 보내고 왔는지 애써 숨기면서요. 아이를 어린이집에 맡기고 자신만의 시간을 보내며 행복해하는 엄마라니, 나쁜 엄마가 된 것 같았죠.

"애는 엄마가 봐야지." "세 돌까지는 엄마가 집에 데리고 있어야지."

사람들은 너무나 쉽게 말했어요. 하지만 저는 육아보다는 일이 더 적성에 맞았고, 아이와 분리된 저만의 시간이 꼭 필요했어요. 그러면서도 마음은 늘 불편했어요. '엄마인 내가 당연히 해야 할 육아를 어린이집에 떠넘기고 있는 게 아닐까….' 어린이집은 제게 구세주였지만 동시에 늘 죄책감을 느끼게 하는 존재였어요.

어린이집과 함께 아이를 키운다는 것

그렇게 어린이집에서 1년을 보내고 선생님과 면담을 했어요. 그날 정말 깜짝 놀랐어요. 아이는 어린이집에서 혼자 밥도 잘 먹고 낮잠도 푹 잔다고 했어요. 제가 집에서는 밥을 다 떠먹여준다고 하니까 선생님이 눈을 크게 뜨며 물었어요.

"왜 그러셨어요? 혼자 엄청 잘 먹는데."

저는 아이가 다른 친구들과 함께 노는 것보다는 혼자 노는 걸 좋아한다고 생각했어요. 키즈카페 같은 곳에서 잠깐 본 모습이 그랬으니까요. 그런데 선생님은 아이가 혼자 놀지 않고 무리를 지어서 노는 걸 좋아한다고 말했어요. 당시 집에서는 책에 흥미를 안 보였는데 어린이집에서는 친구들과 함께 책을 본다고요.

'나는 내 아이를 다 안다.'는 착각, 부모들이 가장 많이 하는 오해죠. 그걸 저도 하고 있었던 거예요. 두 돌도 안 된 아이는 이미 어린이집에서 자기만의 세계를 만들어가고 있었어요. 제가 모르는 세계가 벌써 열린 거죠. 그때 생각했어요. 부모라고 해서 아이의 모든 것을 알 수 없으며, 아이의 모든 걸 통제할 수 없다는 걸요.

그때부터였던 것 같아요. 아이가 어린이집에서 보내는 시간이 저뿐만 아니라 아이에게도 매우 의미 있고 중요한 시간이라는 걸 인정하게 됐어요. 제가 아이를 어린이집에 보내놓고 저만의 시간을 보내는 동안 아이도 어린이집에서 성장하고 있다는 걸요. 그곳에서 아이는 바깥세상의 규칙을 배우고 또래 친구들, 선생님과 관계를 쌓아가고 있어요. 지금 세 돌 다 되어가는 아이는 제가 한 번도 알려준 적 없는 말과 행동, 노래를 매일 배워 와요.

어린이집 교사에 대한 인식도 바뀌었어요. 엄마 아빠를 대신해서 아이를 봐주는 사람이 아니라 아이를 함께 키우는 동반자라고요. 아이의 말, 행동, 생활습관에 대해 교사와 긴밀하게 소통하고, 고민이 되는 지점 있으면 솔직하게 물어보려 하고 있어요.

하원시간. 오늘도 저는 고민합니다. '딱 10분만 더 있다 갈까?' 그러다 어린이집이 가까워지면 저도 모르게 달려가고 있더라고요. 잠시라도 혼자 있고 싶은 마음과 아이를 빨리 보고 싶은 마음 사이에서 늘 갈팡질팡해요.

우리 너무 죄책감 갖지 말아요. 엄마도 아이도 함께 자라고 있는 중이니까요.

엄마의 책

홍현진

『뒤에 올 여성들에게』

마이라 스트로버 | 동녘

배우자 선택이 커리어에 미치는 엄청난 영향

일을 하지 않는 내 모습은 단 한 번도 상상해본 적 없었다. 아이와 커리어 사이에서 나만의 해답을 찾을 수 있을 거라 믿었다. 아니, 그래야만 했다.

육아휴직이 끝나고 복직한 지 한 달 만에 알게 됐다. 여성이 일과 육아를 병행하며 살아간다는 건 정말 어려운 일이라는 걸. 결코 노오오력으로 되는 일이 아니라는 걸. 일과 육아 사이에 끼어 나는 늘 어쩔 줄 몰라 했다.

가장 답답한 건 롤모델의 부재였다. 나는 일을 잘 하고 싶었다. 그렇다고 아이가 없는 것처럼 일하고 싶지는 않았다. 일도 육아도 지속가능한 방식으로 함께 하고 싶었다. 하지만 주변의 일하는 엄마 중 슬프게도 내가 닮고 싶은 사람은 없었다.

이렇게 소진되다 결국 나도 다른 엄마들처럼 아이가 초등학교 갔을 때쯤 나가 떨어져버리는 건 아닐까. 답답함과 두려움이 참을 수 없이 차올랐을 때 나는 퇴사를 선택했다. 다른 길을 찾아보고 싶었다. 후배들은 더 많은 선택지를 가질 수 있도록.

『뒤에 올 여성들에게』를 읽으며 생각했다.

'그래 바로 이런 이야기가 필요했어.'

이 책의 저자 마이라 스트로버는 노동의 관점에서 성차별주의와 싸워온 경제학자다. 가사노동의 가치를 정량화하고, 왜 돈 잘 버는 특정 직종에 남성이 많은지 연구했다. 또한 보육 서비스 개선을 위해 정부의 지원이 필요하다는 주장의 경제적 근거를 마련했다.

이 책의 주요 배경이 1970~1980년대라는 것, 그녀와 내가 다른 시대 사람이란 건 전혀 중요하지 않았다. 시대는 달라도 그녀와 내가 처한 현실은 슬프게도 그다지 다르지 않으니까. 나는 든든한 멘토를 만났다.

『뒤에 올 여성들에게』 감상 포인트 셋.

1. 열 수 없는 자물쇠

스탠퍼드대학교 경영대학원 최초의 여성교수가 쓴 회고록이라고 하길래 흔한 '성공신화'가 아닐까 생각했다. 아이 얘기는 하나도 없이 명예 남성처럼 일해서 성공한 이야기나, 모성의 힘으로 노오오력 해서 모든 걸 극복했다는 이야기(주로 애들이 명문대 갔다는 결론으로 끝나는).

책은 1970년, 마이라 스트로버가 종신교수 트랙 고용을 거부당하는 장면에서 시작된다. 『뒤에 올 여성들에게』는 두 아이의 엄마인 대학교수가 어떻게 여성을 둘러싼 차별과 모순을 극복하고, 일과 가족 사이에서 살아남았는지 생생하게 들려준다.

결혼 후 아이를 언제 가질 건지 계속 압박 받고, 임신 사실을 숨긴 채 고용 면접을 보고, 아이가 태어나자 도저히 일할 시간을 낼 수 없는 현실에 절망하고, 출산휴가 정책이 없는 직장에서 살아남기 위해 아이 낳자마자 일에 복귀하고…. 마이라가 아이를 낳은 게 1960대라는 게 믿기지 않았다. 50년이 지난 지금도 여성이 처한 현실과 놀랍게도 비슷하다.

현명하고 유능한 여성인 마이라는 단지 여성이라는 이유로, 게다가 엄마라는 이유로 성차별이라는 자물쇠에 번번이 가로막힌다. 그 모습이 안타까워 함께 가슴을 쳤다.

마이라는 말한다. 자신에게는 종신교수가 될 수 있는 열쇠가 있었지만 아무리 자물쇠에 열쇠를 열심히 넣고 돌려도 문을 열 수 없었다고. 왜냐고? 자물쇠가 바뀌어 버렸으니까.

마이라가 버클리가 아닌 팰로앨토에 살아서 종신교수 트랙에 오를 수 없다고 말하던 버클리대 경제학과장은 마이라가 종신교수 트랙에서 탈락한 진짜 이유를 말해준다.

"어린아이가 둘 있는 데다, 한 명은 돌도 되지 않았기 때문입니다. 당신에게 무슨 일이 생길지 알 수가 없으니까요."

마이라는 속으로 생각한다. 자신이 만일 어린아이가 둘 있는, 그 중 하나는 아직 갓난애인 '남자'였다면? 아마 학과장은 마이라가 가족을 먹여 살릴 수 있게 기를 쓰고 도와줬을 거라고.

여성은 결혼하고 아이를 낳으면 '무슨 일이 생길지 알 수 없'기 때문에 남성과 똑같은 일을 하고도 낮은 임금을 받는다. 반면 남성은 처자식을 부양해야 한다는 이유로 고용안정을 보장받고, 더 많은 임금을 받는다. 2018년 현재, 한국 여성은 남성과 똑같은 일을 18개월 동안 해야 남성의 1년치 임금을 받을 수 있다.

2. 서로의 헌신

일하는 엄마인 마이라는 일터에서도 가정에서도 슈퍼우먼이 되어야 했다. 시터가 있다고 해서 육아와 가사의 부담이 모두 사라지는 건 아니다. 게다가 사람을 고용하는 건 중산층 여성에게나 가능한 일이다. 마이라의 아이를 맡아준 시터는 돈을 벌기 위해 자신의 아이를 다른 가족에게 맡겨야 했다. 여성이 일을 하기 위해서는 또 다른 여성의 희생이 필요하다.

마이라는 연구 활동과 육아, 집안일을 병행해야 했다. 반면 남편 샘은 오로지 자신의 일에만 집중했다. 마이라는 부당함을 느끼면서도 잠을 줄이면서 모든 짐을 홀로 떠안는다. 의사인 남편이 자신보다 훨씬 중요한 일을 하고 있다고 믿었으니까. 갈등을 원치 않으니까. 페미니즘 경제학 연구를 하면서 그녀는 점점 자기 안의 모순을 깨닫는다.

진실은 그때 어떻게 행동해야 할지 보여주는 모델이 없었다는 것이다. 당시는 교육을 아주 많이 받은 전문직 여성조차 남편을

따라 움직였다. 남편의 커리어가 우선이었다.

고등학교 선생님이 되겠다는 마이라에게 "모두가 자신의 잠재력을 개발할 권리가 있다."는 존 스튜어트 밀의 말을 인용하며 대학교수의 길을 제안한 건 다름 아닌 샘이었다. 하지만 마이라가 힘과 영향력을 얻기 위해 분투하는 모습을 보자 샘은 강한 거부감을 느낀다. 결국 샘은 이혼을 요구한다.

샘은 말한다. 당신이 커리어를 쌓는 데는 아무 불만이 없지만, 내가 집안일을 더 할 수는 없다고. '아내의 커리어를 응원하고 지지한다.'는 말은 너무 쉽다. 반짝이는 말이 진정성을 얻으려면 육아와 집안일을 어떻게 분담할 것인지, 구체적이고 치열한 고민과 노력이 뒤따라야 한다.

남편과 아내 모두 자신의 커리어를 지키기 위해서는 일방적인 희생이 아닌 서로의 '헌신'이 필요하다. 마리아는 말한다. 누구와 결혼하느냐, 혹은 동반자가 되느냐가 커리어에서 가장 중요하다고. 아이를 빨리 갖느냐 늦게 갖느냐는 고민보다 중요한 건, 알맞은 파트너를 찾는 거라고.

힘겨운 커리어, 아이와 가족을 모두 건사하기는 어려운 일이다. 모두 엄청난 시간이 필요하기 때문이다. '모두 누리는 것'은 불가능하지만, 가족과 힘겨운 커리어에 함께 헌신한다면 양쪽 다 성공하는 것은 가능하다. 단기적으로 여가 활동을 거의 포기해야 할 수도 있고, 두 사람 다 출장이 잦은 일을 한다면 '세 번째 부모'를 고용해야 할 수도 있다. 하지만 성공할 수 있다. 핵

심은 서로 헌신하는 것이다. 각자 상대의 커리어가 핵심이라는 데 동의해야 하며, 모두 상당한 시간과 에너지를 가족에게 쏟아야 한다.

커리어와 가족의 균형을 맞추기 위해서는 부부가 세심하게 삶의 우선순위를 정하고, 끊임없이 보정해 나가야 한다는 것. 이 부분에 깊이 공감했다. 남편과도 공유하고 싶은 대목.

3. 자매애는 힘이 세다

책에는 답답한 고구마만 있는 건 아니다. 마이라는 성차별이라는 이름의 자물쇠를 부수고 새로운 문을 만든다. 그 모습을 보며 후련하고 통쾌하고 찡했다. 이 모든 건 마이라 혼자 할 수 있는 일이 아니었다. 수많은 '자매'들이 있기에 가능했다.

어느 날, 마이라는 놀이터에서 아이 하원을 기다리다 같은 반 남자애 엄마와 이야기를 나눈다. 마이라의 사정을 들은 루스는 또 다른 여성 지인을 통해 마이라가 스탠퍼드대 교수 면접을 볼 수 있도록 도와준다. 그들도 여성이라는 이유로 마이라 같은 어려움을 겪었던 경험이 있기 때문이다.

여성이 일터에서 평등을 누리려면 사회 전체가 바뀌어야 한다. 하지만 혼자만의 힘으로는 사회를 바꿀 수 없다. 마이라의 인생 고비마다 다른 여성들, 그리고 마이라가 추구하는 가치에 공감하는 남성들이 마이라의 지원군이 되어주었다. 서로의 고통을 알아보고 연대하는 것. 자매애는 참 힘이 세다.

셰릴 샌드버그의 『린 인』이 성공을 거둔 것은 어려운 직업에서 성공하고 싶어 하는 여성의 강렬한 열망을 증명한다. 하지만 성실함과 끈질긴 노력, 효과성으로 직업에서 형평성이 생겨나지는 않는다. 환경은 무척 중요하다. 여성이 힘을 얻으려면 우호적인 법적 환경, 젠더 평등을 촉진하는 사회 이데올로기, 여성의 열망을 적극적으로 지지하는 제도, 여정 내내 손을 내밀어주는 남성과 여성 동지에게도 의존해야 한다.

398쪽 분량의 두꺼운 책을 단숨에 읽었다. 이 책을 읽으며 나는 고립감에서 벗어날 수 있었다. 나도 '뒤에 올 여성들에게' 힘을 보태고 싶어졌다.

이런 사람들에게 추천

☞ 흔한 '워킹맘 성공기'에 질렸다면
☞ 아이와 커리어, 둘 중 하나만 택하고 싶지 않다면
☞ 일-가족 균형 고민하는 비혼 여성, 남편에게도 딱!

6. 아이와 개고생 여행, 왜 하냐고요?

어차피 애는 기억도 못한다는 말에 대해

이 정도면 유럽도 가겠다 싶었다.

비행기에 탄 아이는 2시간을 내리 잤다. 일어나서는 2시간 동안 비행기 앞좌석에 달린 화면으로 만화영화를 보고 스티커북을 가지고 놀았다. 키즈밀로 나온 파스타도 맛있게 뚝딱 해치웠다. 제 얼굴 반만 한 헤드셋을 쓰고 화면에 집중하는 모습이 귀엽고 기특해서 주책없게 눈물이 날 뻔했다. 나머지 2시간의 폭동(?)이 시작되기 전까지는.

아이는 지루하고 갑갑한지 앞좌석을 계속 발로 차고 자리에서 일어나 비행기 복도로 뛰쳐나가려 했다. 영상도 스티커북도 단 것도 무소용이었다. 다 싫다고 떼쓰고 소리 질렀다. 호되게 혼냈다가 사정을 했다가 하며 남편과 나는 진땀을 뺐다. '어른도 비행기 오래 타면 힘들고 답답한데 네 살 아이는 오죽할까.' 머리로는 이해하면서도 '내가 미쳤지, 왜 또 애 데리고 비행기를 탔을까' 하는 후회가 밀려왔다. 목적지가 유럽이 아닌 게 천만, 천만다행이었다.

180도 달라진 여행

스페인-포르투갈 여행은 내가 기억하는 가장 행복한 여행이었다. 아이를 임신하기 전 마지막으로 떠났던 여행.

근속 5년 기념으로 내게는 한 달 안식월이 생겼고 그즈음 남편은 회사를 그만뒀다. 결혼한 지 2년 됐을 때였다. 남편과 나는 2주 동안 스페인과 포르투갈 여행을 했다. 하루하루가 선물 같았다. 아침이면 오늘은 무슨 일이 생길까 기분 좋은 기대감으로 눈을 떴고 가벼운 옷차림으로 주변을 산책했다. 크루아상과 함께 진하게 내린 커피, 갓 짠 오렌지 주스도 한 잔씩 마셨다.

다시 숙소에 돌아와 예쁘게 옷을 갈아입고 관광하다 맛있는 점심과 함께 맥주와 상그리아 한 잔을 마셨다. 알딸딸 기분 좋게 취해서는 다시 숙소로 돌아와 낮잠을 잤다. 에너지를 충전해 다시 밖으로 나가 밤늦도록 걷고 또 이야기했다. 가게를 옮겨 다니며 술을 마셨다. 밤 9시가 넘어도 깜깜하지 않은 거리에는 우리처럼 신나고 들뜬 사람이 가득했다.

아이가 태어난 후 여행은 180도로 달라졌다. 아침이면 아이가 먼저 나와 남편을 깨웠다. 인적이 드문 거리에서 아침 산책(?)을 하고 1등으로 조식을 먹었다. 아는 사람은 알 것이다. 아침 일찍 일어나 조식 먹고 숙소에 와서 잠깐 잠드는 게 얼마나 달콤한지. 하지만 아이는 이미 한껏 각성된 상태, 그런 휴식을 허락할 리 없다. 짐을 바리바리 챙겨 밖으로 나간다. 예쁜 옷은 무슨, 어차피 내 사진 찍어줄 사람도 없는데. 편한 옷이 최고다.

숙소 밖에서 본격적인 전쟁이 시작된다. 구글맵을 켜고 길을 찾고 관광하면서도 늘 아이를 신경 써야 한다. 차 많고 사람 많은 거리를 종횡무진 뛰어다니는 아이를 잡으러 쫓아다니다 보면 혼이 빠진다. 실내에 들어갈 때마다 아이가 떠들지 않을까 물건을 잘못 건드리지 않을까 조마조마하다. 한시도 가만있지 않는 아이 때문에 뭐 하나 진득하게 볼 수 없다. 좁고 울퉁불퉁한 길에서 유모차를 끄는 것도 체력소모가 크다.

문제는 아이는 결코 지치지 않는다는 거다. 잠깐이라도 쉬고 싶은데 틈을 안 준다. 그럴 때면 수시로 시원한 카페를 찾아 커피를 수혈해야 한다. 아이를 잠시라도 가만히 앉아있게 할 수 있는 동영상은 필수다. 오후 5시쯤 되면 하루치 에너지를 다 쓴 것만 같다. 밤거리? 다음날 새벽 6시에 일어나려면 밤 9시 전에는 잠자리에 들어야 한다.

어차피 애는 기억도 못 한다는 말

아이가 세 돌이 될 때까지 우리 가족은 총 4번 해외여행을 했다. 생후 10개월 후쿠오카를 시작으로 두 돌 즈음 태국, 28개월에는 홍콩에 갔고 세 돌 즈음에는 한 달간 싱가포르-말레이시아-발리를 여행했다.

아이와 여행 간다고 하면 사람들은 말한다. 어차피 애는 기억도 못한다고. 좀만 참으면 될 걸, 부모 욕심에 애 고생 시키는 거라고. 7살 아이를 둔 한 선배는 말했다.

"얼마 전에 애랑 에버랜드 갔는데 왜 이 좋은 데를 지금 데리고 왔냐 그러더라고. 그전에도 갔었는데 기억을 못 하는 거야."

사실 여행할 때마다 하루에도 몇 번씩 생각한다.

'내가 왜 사서 개고생을 하고 있는 거지. 그냥 어린이집이나 보낼 걸, 대체 왜 여기까지 애를 데리고 온 걸까.'

생후 10개월 처음으로 후쿠오카 여행을 갔을 때는 너무 힘들어서 하루 빨리 집에 돌아가고 싶었다. 집으로 돌아가는 게 하나도 아쉽지 않은 여행은 그때가 처음이었다.

그 후로도 우리는 몇 번 더 해외여행을 다녀왔고 가장 최근에는 한 달이나 여행을 했다. 나는 퇴사 후 이직을 앞두고 있었고, 남편은 상상을 초월하는 초과근무의 대가로 긴 휴가를 얻었다. 이번 기회가 아니면 한 달 여행은 어려울 것 같았다.

아이와 함께 하는 여행은 물론 힘들다. 이게 여행인지 유모차 극기 훈련인지 헷갈리고, 아이에게 제일 많이 하는 말은 "그만 좀 해!" "기다려!" 화를 가라앉히려 1일 1맥주(이상)를 실천했다. 한국에 있을 때보다 동영상을 더 많이 보여주고 있을 때는 내가 이러려고 애 데리고 여기까지 왔나 자괴감이 들기도 했다. 그럼에도 우리는 왜 계속 여행을 떠나는 걸까.

일상에서 아이를 돌보는 건 즐겁기보다는 의무감일 때가 더 많았다. 몸은 아이와 놀고 있지만 영혼은 다른 곳에 있고 손에는 늘 휴대폰이 들려 있었다. 아이와 노는 게 지루했고 어서 빨리 아이가 잠들기만을 기다렸다. 하루 중 대부분의 시간을 아이는 어린이집에서 보냈다.

여행지에서는 도망갈 곳이 없다. 아침에 눈 떠서 밤에 잠 들 때까지 온전히 하루를 아이와 살 맞대고 함께 해야 한다. 죽이 되건 밥이 되건 아이와 어떻게 하면 즐겁게 놀 수 있을지 생각하고 영혼을 실어서 아이와 함께 시간을 보내야 한다.

김영하는 『여행의 이유』에서 여행은 우리를 과거에 대한 후회와 미래에 대한 불안에서 벗어나 오직 현재로 데려다 놓는다고 말했다. 말 설고 물 설은 낯선 곳에서 무사히 집으로 돌아가기 위해 우리는 오직 현재에 집중하며 여행할 수밖에 없다.

그렇게 매일 부대끼다 보면 나와 남편 그리고 아이의 팀워크가 끈끈하고 단단해지는 걸 느낀다. 아이의 말 하나 행동 하나, 아이가 자라는 순간 순간을 세심하게 관찰할 수 있는 건 물론이다.

나 너무 행복해, 나 노는 게 너무 좋아

처음 일본 여행갈 때는 일주일 동안 아이 짐만 쌌다. 아이 기저귀, 분유, 이유식, 간식으로 캐리어 하나가 가득 찼다. 이번 여행에서 아이는 드디어 기저귀를 뗐고, 우리가 먹는 음식 대부분을 함께 먹을 수 있게 됐다. 한 달간 총 7번 숙소를 옮겼는데 아이는 새로운 장소에 갈 때마다 흥분하며 신나했다. 밖에서 뛰어 노는 걸 너무나 좋아하는 아이를 보며 남편과 나는 진지하게 탈서울을 고민했다.

발리 우붓에서 보낸 마지막 저녁, 아이는 식당에서 흘러나오는 라이브

뮤직에 맞춰 춤을 췄다. 아기띠에 대롱대롱 매달려 다니던 아이는 이제 제 발로 걸어 다니며 뭘 먹고 싶은지 어디에 가고 싶은지 자기주장을 명확하게 말한다. 원숭이가 보고 싶다는 아이 덕분에 몽키 포레스트 근처에만 세 번 갔다(부글부글). 풀, 꽃, 도마뱀, 거북이, 고양이, 앵무새, 원숭이…. 아이가 아니었다면 그냥 지나쳤을 것들에 덩달아 관심을 갖게 됐다. 민폐 여행객이 될까 봐 불안한 순간도 많았지만 대부분의 여행지에서 아이 덕분에 분에 넘치는 환대를 받았다.

그전까지 일방적인 보살핌이 필요한 존재였던 아이는 점점 여행의 일원이 되어가고 있다. 이 모든 게 아이와 여행을 다닌 2년 사이에 벌어진 일이다.

여행이 끝나갈 때쯤 아이는 말했다.

"나 너무 행복해. 노는 게 너무 좋아."

아이와 여행하는 게 좀 더 수월해질 때까지 기다리면 너무 늦을지도 모른다. 그때는 엄마아빠와 여행하기 싫다고, 친구와 노는 게 더 좋다고 할지도 모르니까. 빠르게 자라는 아이를 보며 생각보다 그 시기가 더 빨리 올 수 있다는 예감이 들었다.

나중에 아이가 이 여행을 기억하지 못할 수도 있다. 그래도 상관없다. 여행하는 순간, 세 식구 충분히 웃고 울고 행복했으니까. 그걸 나와 남편이 또렷이 기억하고 있으니까. 그거면 됐다.

한국사람 많은 리조트 여행이 어때서?

올해 초, 막 36개월을 넘긴 첫째아이와 첫 해외여행을 계획했다. 엄연히 따지면 처음은 아니었다. 아이가 배 속에 있을 때부터 돌이 지날 때까지 우리 가족은 아시아 3개국에서 지냈다. 하지만 그땐 여행보다는 생활이었기 때문에 의미가 다르므로 우린 이번 여행을 첫 해외여행으로 정하기로 했다.

다들 그렇듯 우리 부부도 1년에 한, 두 번 떠나는 여행이 삶의 낙인 사람들이었다. 외국 생활을 정리하고 돌아온 지 2년이 다 되어가자 '여행빨'이 슬슬 떨어져갔다. 36개월이 지나면서 생각이 부쩍 자라는 것 같던 아이도 새로운 자극을 원했다. 이제는 가야 할 때라는 확신이 들었고 여행 준비를 시작했다.

오랜만의 여행, 게다가 어디로 튈지 모르는 아이까지 함께라니. 마치 여행이 처음인 것처럼 막막했고 걱정도 컸다. 챙겨야 할 건 왜 이리 많은지 우리는 여행을 떠나는 날 아침까지도 짐을 쌌다. 이 고난이 여행에서도 계속될까 두려웠다. 괜한 일을 벌인 걸까 조금은 후회도 했다.

그러나 이 첫 여행을 마친 후 아이와 함께 하는 여행에 대한 몇 가지 오해들이 풀리면서 나는 또 다시 아이와 떠날 여행을 준비하고 있다.

리조트 여행도 여행이다

나에게 여행은 여행지의 풍경을 빠짐없이 눈에 담겠다는 의지로 구석구석을 돌아다니는 것이었다. 리조트에 묵은 적도 있었지만 지겨움에 지쳐 다신 가지 않겠다고 다짐했었다.

그러나 아이와의 여행은 리조트를 예약하는 것부터 시작됐다. 심지어 비행기 티켓도 끊지 않은 때였다. 베트남의 대형 체인 리조트로 수영장과 워터파크, 사파리, 그리고 놀이공원까지 완비한 곳이었다. 베트남에 가는 건지, 리조트에 가는 건지…. 아이에게 최적의 숙소라는 건 자명했지만 난 혼란스러웠다.

떠나는 순간까지도 혼란과 약간의 자괴감을 지우지 못했던 리조트 여행. 결론은 손에 꼽을 만큼 기억에 남는 좋은 여행이 됐다. 편리했던 것은 두말하면 잔소리, 아이와 함께 휴가를 보내기에 모든 것이 완벽했다. 무엇보다 여행의 의미란 참으로 다양하다는 걸 새삼 깨달았다. 리조트 여행은 여행이 아니라고 생각했던 편협함이 부끄러웠다.

아이를 데리고 처음으로 여행을 떠난 우리 가족에게 가장 필요했던 건 휴식이었다. 여행을 시작하고서야 깨달았다. 최근의 일상에서는 감히 누리지 못하던 여유를 여행에서 만난 것. 오전 내내 바닷가에서 시간을 보내다 늘어져 낮잠을 사고 여유를 부리며 2-3시간 동안 저녁식사를 했다. 그렇게 시간을 보내도 전혀 아깝지 않았다. 도리어 계획했던 일정을 취소하기까지 했다.

바삐 움직였던 지난날의 여행도 의미가 있다. 그리고 진정한 휴식을 깨달은 이번 여행도 마찬가지. 상황에 맞게 즐기는 게 여행인 것을 너무 팍팍했다.

리조트 여행을 준비하면서 걱정했던 게 또 하나 있다. 리조트 이용객들이 대부분 한국 사람들이라는 것. 여행이니까, 웬만하면 한국 사람들이 많은 곳은 피하고 싶었던 게 사실이다. 그러나 전혀 걱정할 거리가 아니었다. 그들은 우리에게 전혀 관심이 없었다. 하하. 그리고 우리도 마찬가지. 서로 각자의 여행을 즐기기 바쁠 뿐이었다.

개고생만 하는 건 아니다

아이와 떠나는 여행이 부담스러운 건 부정할 수 없다. 아이의 요구사항, 안전, 짐… 작은 아이 한 명이 더해지는 것뿐인데 준비할 건 배로 늘고 예측 불가능한 변수도 훨씬 많아진다. 이 과정이 부담스러워 결국 여행을 포기하는 경우도 있다. 당연히 그럴 수 있다. 우리가 둘째아이를 남겨두고 떠난 이유이기도 하니까.

떠나기 전만 해도 기대보다는 걱정이 더 컸다. 빠트린 것 없이 모두 챙긴 것인지, 혹시 아이가 말썽을 부리지는 않을지…. 하지만 막상 여행이 시작되고 여유를 찾으니 걱정은 썰물처럼 밀려나갔다.

투정만 부릴 것 같던 아이는 기특할 정도로 잘 놀았다. 물놀이는 질리도록 했고 초롱초롱한 눈빛으로 요리수업도 열심히 들었다. 아이는 모든 것을 직접 보고 만지며 느꼈다. 처음으로 만난 바다를 경이롭게 바라보며 내 손도 뿌리치고 성큼성큼 해변으로 나아가던 아이의 모습은 아직도 잊히지 않는다. 아이는 외국인 친구들과 놀면서 말이 안 통하자 답답해하며 영어를 배우면 더 잘 놀 수 있냐고, 그럼 영어를 배우겠다고 먼저 선언하기도 했다. 영어 만화를 틀어주면 무조건 한국말로 바꾸라고 윽박지르던 아이였기 때문에 우린 박장대소하면서도 내심 뿌듯해했다.

"엄마랑 같이 있어서 좋다."

여행 중 어느 날, 아이는 나에게 말했다. 가슴이 철렁. 사는 게 뭐가 그리 바빴던지 육아휴직 중에도 정신이 없었다. 아이와 몸은 함께였지만 마음은 늘 콩밭에 가있었다. 그리고 아이에게 이런 내 마음을 들켰던 모양이었다.

여행을 다녀온 지 두 달이 넘은 지금도 아이는 베트남에 또 가고 싶다고 성화다. 베트남 풍경이나 리조트 시설 때문이 아니라 엄마, 아빠와 놀았던 게 좋았단다. 평소에도 매일 노는데 대체 뭐가 그리 좋았던 걸까, 자문을 하다 이내 깨달았다. 아이에게 집중했던 정도가 달랐다는 걸.

정말로 또 베트남에 갈 순 없어서 국내여행을 준비했다. 이번에는 둘째 아이도 함께. 준비하는 시간도, 어쩌면 여행과정도 더욱 고될 것이다. 그럼에도 불구하고 우리가 또 다시 떠나는 이유는 아이들과의 여행에서만 얻을 수 있는 기쁨과 감동을 잘 알기 때문이다.

부모도 즐길 수 있다

처음 이 여행은 아이를 위해 계획했다. 물놀이를 유독 좋아하는 아이에게 바다라는 더 넓은 세상을 보여주고 싶었기 때문이다. 반면에 동남아시아 국가를 수없이 여행했던 난 크게 기대할 것이 없었다. 여행의 주체가 되어 만끽하기보단 아이를 돌보는 부모의 역할을 잘 수행하자는 생각이었다.

하지만 이번 여행은 지난날의 그 어떤 여행보다 의미 있었다. 아이와의 유대감이 더욱 두터워진 것뿐만 아니라 개인적으로도 그렇다.

나에게 이번 여행의 가장 큰 목적은 잠시라도 복잡한 생각, 무거운 마음을 모두 잊는 것이었다. 그래서 로밍도 하지 않은 핸드폰을 여행 내내 꺼두었다. 그런 데다 기대하지 않았던 여유를 만나니 머리의 스위치가 완벽하게 꺼졌다.

아이의 협조가 있긴 했지만 오랜만에 남편과 둘만의 시간도 많이 보냈다. 큰맘 먹고 밤 외출을 시도했던 날, 길을 나서자마자 아이는 유모차에서 잠들었다. 그리고 숙소로 돌아올 때까지 깨지 않았다는, 그래서 한 시간 동안 반짝거리는 베트남 밤거리에서 맥주를 홀짝였다는 믿거나 말거나 같은 이야기.

아이 뒤만 졸졸 쫓아다니며 진땀만 뺄 줄 알았는데 (아주 안 한 것은 아니지만) 그렇지만도 않았던 여행. 아이는 아이대로 나는 나대로 그리고 남편은 남편대로 서로의 시간을 만끽했다.

여행할 장소에 대한 조언은 어디에나 널려 있지만, 우리가 가야 하는 이유와 가는 방법에 대한 이야기는 듣기 힘들다.

- 『여행의 기술』 (알랭 드 보통|청미래)

아이와 함께 떠나는 여행지를 추천하는 후기는 어마어마하게 많다. 하지만 얼마나 고생을 했는지가 내용의 8할을 차지해 선뜻 내키지 않았다. 아이를 데리고 떠나는 여행에 대한 오해가 쌓이면서 쉽사리 먼 길을 떠나지 못했다.

첫걸음을 떼기 어려웠던 아이와의 첫 여행. 막상 한 걸음을 나서니 멈출 수 없었다. 삶에 생기를 불어넣는 여행을 경험하니 몸이 근질거렸다. 아이와 함께라고 해서 여행의 의미가 퇴색되는 건 아니었다. 오해는 풀렸고 떠나야 할 이유가 생겼다.

'집 나가면 개고생'이라는 말보다 '집 떠나면 어디든 좋다'는 말을 믿는다. 아이와의 첫 여행 이후 이 믿음은 더욱 확고해졌다. 우린 흔쾌히 두 번째 여행을 떠나기로 했다. 이번에는 둘째도 함께.

임신·출산·육아의 전지적 엄마 시점

엄마는 누가 돌봐주죠?

초판1쇄 2019년 9월 2일 **초판2쇄** 2021년 2월 19일 **지은이** 홍현진 최인성 이주영 **일러스트** 봉주영 **펴낸이** 한효정 **편집교정** 김정민 **기획** 박자연, 강문희 **디자인** 화목, 이선희 **마케팅** 김수하, 임지나 **펴낸곳** 도서출판 푸른향기 **출판등록** 2004년 9월 16일 제 320-2004-54호 **주소** 서울 영등포구 선유로 43가길 24, 104-1002 (07210)
이메일 prunbook@naver.com **전화번호** 02-2671-5663 **팩스** 02-2671-5662
홈페이지 prunbook.com | facebook.com/prunbook | instagram.com/prunbook

ISBN 978-89-6782-093-0 03590

값 14,300원

이 도서의 국립중앙도서관 출판예정도서목록(CIP)은 서지정보유통지원시스템 홈페이지(http://seoji.nl.go.kr)와 국가자료공동목록시스템(http://www.nl.go.kr/kolisnet)에서 이용하실 수 있습니다.
CIP제어번호 : CIP2019032077

이 도서는 한국출판문화산업진흥원의 '2019년 출판콘텐츠 창작 지원 사업'의 일환으로 국민체육진흥기금을 지원받아 제작되었습니다.